鲜蜂王浆

蜂王浆软胶囊

鲜蜂王浆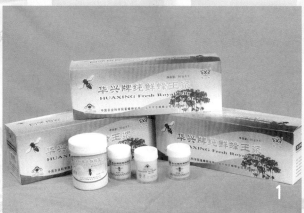

1

商品巢蜜

天然及加工蜂蜜

天然蜂蜜

软胶囊融胶罐

软胶囊罐装生产线

软胶囊干燥设备

3

多功能提取浓缩设备

蜂蜜过滤与
浓缩设备

蜂蜜加工生产线（预
热、融蜜、预混）

4

蜂蜜 蜂王浆加工技术

主　编

董　捷

副主编

闫继红　石　巍

编著者

董　捷　闫继红　石　巍
孙丽萍　杨劲松　董　燕

金盾出版社

内 容 提 要

　　本书由中国农业科学院蜜蜂研究所董捷副研究员等编著,内容包括概述、蜂蜜加工技术、蜂王浆加工技术、蜂蜜蜂王浆质量检验、蜂产品企业建厂的要求。所涉及的蜂蜜和蜂王浆加工产品的类型全面,内容由浅到深,加工技术由简到繁,适合于对蜂产品加工有兴趣的广大读者和蜂产品加工企业的技术人员阅读。此外,本书还简要地介绍了蜂产品企业建厂以及建立生产质量管理体系的一些规范性要求,供有志于从事蜂产品加工行业的读者阅读参考。

图书在版编目(CIP)数据

　　蜂蜜蜂王浆加工技术/董捷主编. —北京:金盾出版社,2004.12
　　ISBN 978-7-5082-3345-1

　　Ⅰ. 蜂… Ⅱ. 董… Ⅲ. 蜂产品-加工 Ⅳ. S896

　　中国版本图书馆 CIP 数据核字(2004)第 110488 号

金盾出版社出版、总发行

北京太平路 5 号(地铁万寿路站往南)
邮政编码:100036　电话:68214039　83219215
传真:68276683　网址:www.jdcbs.cn
彩色印刷:北京 2207 工厂
黑白印刷:北京兴华印刷厂
装订:双峰装订厂
各地新华书店经销

开本:787×1092 1/32　印张:4.875　彩页:4　字数:104 千字
2009 年 3 月第 1 版第 4 次印刷
印数:20001—31000 册　定价:9.00 元

目　录

第一章 概　述

一、蜂蜜和蜂王浆加工现状

　　蜂产品是蜜蜂为了种族的生存和繁衍向自然界索取并加以加工的物质和自身的分泌物,包括蜂蜜、蜂花粉、蜂王浆、蜂胶、蜂蜡、蜂毒和蜜蜂幼虫等。蜂产品行业是近10年迅速发展起来的行业。随着人们生活水平的提高,对蜂蜜、蜂花粉、蜂王浆及蜂胶等保健品的开发利用,全国涌现出上千家专业工厂或公司,分别对蜂产品进行不同层次的加工后,投放市场。以其生产加工的深度不同,可分为三大类:一是初级加工产品企业。这些企业对蜂产品进行简单加工包装处理后,投放市场。二是中层次加工产品企业。通过一定技术手段,研制开发新配方、新口味,采用一定专用设备生产蜂产品投放市场销售。三是深层次研究开发企业。对蜂产品的保健功效进行研究开发,研制对糖尿病、前列腺炎、老年痴呆等病症有预防等功效的产品。

　　据了解,全国蜂产品企业大概有上千家,下属的会员单位有几百家。其中外贸进出口企业占全国蜂产品企业的1/5～1/4。目前,我国的蜂蜜有一半出口,蜂王浆原有70%～80%出口,现在有50%～60%出口,其中90%是向日本出口。全世界的蜂王浆中有90%以上产自中国,2000年蜂王浆出口创汇额达1 657万美元。

　　由于蜂蜜和蜂王浆成分及性状的特殊性,使它在食品、轻工、医疗保健等领域,有着极其广泛的用途。

中国幅员辽阔,气候适宜,蜜粉源丰富,发展养蜂生产有得天独厚的环境条件。中国是养蜂数量最多、蜂产品总产量和总贸易量最大的国家,蜂蜜和蜂王浆在我国得到了广泛的开发、生产和应用。

蜂蜜和蜂王浆自古以来被认为是食疗佳品,这使蜂产品在中国有着广阔的市场。如蜂王浆制品不但是上等的馈赠佳品,而且进入了一些普通人的家庭,蜂蜜也被人们广泛应用。

中国应用蜂蜜和蜂王浆的历史悠久,但对其全面的科学研究和开发利用,起步于中华人民共和国成立之后。特别是进入 20 世纪 80 年代,随着研究和开发工作向纵深发展,中国的蜂产品生产已成为一个新兴的独立行业,并产生了巨大的社会效益和经济效益。中国与其他养蜂先进国家相比,拥有的蜂产品原料和制品,不仅在数量上占绝对优势,而且种类齐全,能较好地适应消费者需要。蜂蜜是中国蜂产品中的大宗产品,年产量在 20 万吨左右,年出口量 6 万～8 万吨,名列蜂蜜出口国的首位。蜂王浆的开发始于 50 年代末,60 年代已有批量生产,70 年代以来发展迅速。1991 年产量达千吨,年出口量470 多吨,成为蜂王浆主要的出口国家。蜂蜜的国内销售量占收购量的 40%,出口量约占 50%。国内销售主要是两个方面:一是市场零售,供消费者直接购买食用;二是供医药和食品加工业做原料。

(一)蜂 蜜

蜂蜜是蜂产品中的最重要的产品,一直是我国传统的出口产品,也是我国出口创汇的重要商品。

我国的国情决定了我国蜂蜜加工具有自己的特点,主要表现在过滤和浓缩工艺为必需的工艺。一般采用真空浓缩的方式。其生产的工艺流程为：蜂蜜（原蜜）→检验→粗滤→溶晶→精滤→瞬间加热→真空蒸发→水蜜分离→水汽分离→分离水。主要设备有板框压滤机、叶滤机、各种类型的热交换器和减压蒸发器等。

近年来，超过滤加工技术越来越多地被应用到蜂蜜中，其工序大多为3道：稀释与预热（以提高蜂蜜的流动性）、过滤（有各种类型的滤膜）和浓缩，使蜂蜜含水量恢复到21%。现有新的工艺，使过滤时不必稀释蜂蜜，不必浓缩蜂蜜。

以蜂蜜为主要成分的加工产品有：蜂蜜奶酪、蜂蜜干粉、固体蜂蜜、蜂蜜酒、蜂蜜啤酒等。

作为食品工业添加剂使用的有：食品的甜味剂、食品的吸湿剂、食品的着色剂、食品的增稠剂、饮料的澄清剂和絮凝剂、食品的光亮剂、食品防腐剂和食品矫味剂等。其他方面应用有：医疗应用、制药业的辅料、化妆品的原料和烟草业的产品改良剂。

（二）蜂 王 浆

我国蜂王浆的总产量、总贸易量和制品的多样化为世界所瞩目。以制品而言，口服液具有包装严密、风味适口、吸收快、老人小孩均可接受的特点，是当今最受欢迎的剂型，在国际蜂王浆制品市场也占有很重要的地位。蜂王浆冻干粉因其能保持鲜王浆的成分和功效，兼有容易保存和携带方便的优点，受到国际市场青睐，出口量剧增。其他还有片剂、胶囊、蜜剂等，也颇受消费者欢迎。蜂王浆作为医药保健品、食品、饮料和化妆品已被广泛应用。特别是作为保健食品，其销售量和普及程度可以和补益中药参茸等相媲美。

蜂王浆为营养价值极高的蜂产品,我国劳动力资源丰富,价格低廉,为蜂王浆的生产提供了无可比拟的优越条件,我国蜂王浆及其制品在国际市场占据了 90% 的份额。从 20 世纪 50 年代开始研究开发蜂王浆以来,现已成为我国养蜂业的重点产品,是蜂农收入的主要来源之一。

市场上的蜂王浆保健品有数十种,剂型有纯鲜蜂王浆、蜂王浆冻干粉胶囊、蜂王浆蜜、蜂王浆片、蜂王浆胶丸、活性蜂王浆口服液、蜂王浆软胶囊、蜂王浆酒等,以冻干粉胶囊和纯鲜蜂王浆居多。另外,蜂王浆在制作食品和饮料上已被广泛采用。如中国市场上常见的蜂王浆食品有蜂王浆巧克力、蜂乳奶粉等;在饮料中有蜂王浆酒、蜂王浆汽水、蜂王浆可乐、蜂王浆蜜露、蜂王浆冰淇淋等。

二、蜂产品加工存在的主要问题

(一)蜂产品原料的预防污染控制不到位

1. 环境污染 包括养蜂场地卫生条件、养蜂人个人卫生习惯、蜂产品生产过程中的卫生操作以及生产用具的卫生等相关环节的控制不力,导致蜂产品原料的不合格。

2. 生产过程污染 我国蜂蜜、蜂王浆生产、销售及蜂药使用过程中,涉及到的农药、兽药种类较多,如抗生素类、杀螨药类污染等等。

目前,国际上规定蜂蜜、蜂王浆中农药和兽药最大残留限量的组织主要有欧洲经济共同体,而国际食品法典委员会(CAC)、国际标准化组织(ISO)、食品添加剂专家委员会(JECFA)等没有规定蜂蜜、蜂王浆中农药和兽药最大残留限量。而德国、美国、瑞士、意大利、荷兰等国对蜂蜜中蝇毒磷、氟胺氰菊酯、氟氯苯氰菊酯、溴螨酯等制定了最大残留限量。我国仅在 2002 年发布和实施了《NY/T 5138—2002 无公害食品 蜜蜂饲养兽药使用准则》,对蜜蜂饲养过程中允许使用的药物种类、用法与用量和休药期等做出了规定,但仍然缺乏蜂蜜、蜂王浆中农、兽药最大残留限量标准,从而影响了对蜂蜜、蜂王浆中农、兽药残留监控的力度。

3. 关键检测技术 对于目前一些重要蜂产品食源性危害,在检测技术方面,不少尚属空白或不够完善,不能满足蜂产品安全控制的需要。在这方面不仅缺乏市场监督急需的和适应我国生产特点(灵敏、快速)的现场检测技术。在一些利用检测手段设置的技术措施中也缺乏有效应对手段。

4. 蜂产品卫生标准 我国入世后,蜂产品安全的法制化管理需要在尽可能短的时间内与国际接轨(包括蜂产品企业的素质)。由于我国的蜂产品安全技术法规标准体系始建于 20 世纪 60 年代,其整体结构与内容及其体系的建立,与 CAC 标准和外国标准有较大差异,已不能够满足入世后蜂产品安全控制的需要。具体表现为现行标准存在着标准体系与国际不接轨、内容不完善、技术内容落后、实用性不强、缺少科学依据等问题,特别是在有毒、有害物质限量标准方面缺乏基础性研究,在创新性方面差距更加明显。许多蜂产品标准没有充分利用危险性评估原则,考虑食品卫生的潜在危害在各蜂产品中的分配状况,对横向标准(非产品标准)的研究和建设不够,现行蜂产品卫生标准的覆盖面不广。许多情况下,国外提出某项安全限量标准、设定一个技术壁垒后,我国有关部门才开始被动地着手建立相关标准。这种被动的局面已经给我国蜂产品在国际市场上的形象和蜂产品竞争力带来了很大的负面影响。有鉴于此,需要将危险性评估技术引进我国蜂产品安全标准领域,开展基础研究,以增加市场的竞争力。

(二)蜂产品加工企业整体水平低下

我国目前的蜂产品生产分散、信息不灵,产品质量较低。主要表现为:

一是产业化格局尚未形成,流通和加工环节多。主要表现为行业分割,蜂农依然放蜂,加工商很少养蜂,造成生产和加工脱节,缺乏内在的协调机制,造成加工业被纯利益驱动,市场行情看好时,一哄而上,甚至制造假冒伪劣产品;市场受阻时,则转产停产,销声匿迹。

二是蜂产品的开发力度和深度不够。目前我国蜂产品品种较为单一,市场上销售的蜂产品仍以蜂蜜、蜂王浆、蜂胶为主体,蜂蛹、蜂王幼虫、蜂花粉、蜂毒、蜂巢等及其加工制品很少,也很少看到用蜂产品加工的保健食品。大多数蜂产品仍以原料或初加工的形式出现,属于原始的、初级的第一代、第二代产品,仅仅依据产品中所含有的某些活性成分,推断其保健功能。

三是蜂产品加工工艺简单,科技含量低。由于产品加工的功能因子不确定,加工过程中不进行功能因子提取,简单的加工工艺,即可进行生产,为粗制滥造和假冒伪劣提供了可能。在利润丰厚的情况下,各行各业蜂拥而起,纷纷生产蜂产品,如 80 年代的蜂王浆制品的生产,造成鱼龙混杂、鱼目混珠,质量低劣,从而扰乱了蜂产品市场。

四是产品没有准确定位。主要表现为没有根据不同的消费群体(儿童、老人、学生和某种疾病患者等)和不同的购买目的(如延缓衰老、预防疾病等)选择不同的目标市场,蜂产品的加工目前还处于普及型，未向专用型的方向发展。

五是产品缺乏宣传。近年来宣传蜂产品知识和保健作用的多是养蜂界人士和部分记者，很少与医药、食品部门紧密结合，搞联合开发和宣传。

六是产品的包装较差。目前，我国蜂产品的包装普遍较差，生产厂家往往只注重产品的内在质量，却忽视了产品的外部形象，达不到引人注目、引导和吸引消费者的预期效果。

七是企业规模小而散。自然导致科技投入少、技术装备水平低、产品科技含量低、品牌效应低、生产效率低、综合利用差、生产成本高、经济效益差、市场无序竞争等被动局面。这种小、低、散、差、乱的状况很难适应入世后参与国际化市场竞争。

三、解决的主要对策

（一）实行蜂产品的标准化管理

1. 制定和颁布相关的生产技术规范和产品质量标准

中国蜂产品的标准化工作始于 60 年代中期，至 80 年代有长足进步。到 1991 年，蜂王浆、蜂蜜均已颁布国家或行业标准。2002 年 7 月农业部又制定了蜂王浆、蜂花粉、蜂蜜、蜂胶等主要无公害蜂产品的行业标准，已于同年 9 月颁布实行（表 1-1）。国家标准主要为蜂蜜包装、蜂蜜卫生标准及蜂王浆标准及蜂蜜中四环素族抗生素残留量的测定方法及限量标准，其余为农业部、原商业部、原进出口商品检验检疫局的行业标准。

表 1-1   90 年代后我国颁布的蜂蜜、蜂王浆标准情况

标准名称	标准类型	标准代号	备注
蜂蜜中四环素族抗生素残留量卫生标准	国家标准	GB 13109—91	强制
蜂蜜中四环素族抗生素残留量的检测方法	国家标准	GB 13110—91	强制
蜂蜜卫生标准	国家标准	GB 14963—1994	强制
出口蜂蜜中氟菊残留量检验方法液相色谱法	行业标准	SN 06—2002	推荐
无公害食品 蜂蜜	行业标准	NY/T 5134—2002	推荐
无公害食品 蜂王浆与蜂王浆冻干粉	行业标准	NY/T 5135—2002	推荐
无公害食品 蜜蜂饲养兽药使用准则	行业标准	NY/T 5138—2002	推荐
无公害食品 蜜蜂饲养管理准则	行业标准	NY/T 5139—2002	推荐

2. 加强蜂产品的质量检验

(1) **基层质量检验**   通过简易可行的方法对产品进行自检。

(2) **实验室检验**   在省级蜂产品经营单位和养蜂科研部门、大型蜂产品加工企业或某种蜂产品的重点产区,都设有专门的理化检验室。全国现已建立正规化验室 100 多个。其任务是对调入和调出的原料及加工制品进行抽样检验,或对本区域的产品质量进行分析调查。大宗的蜂产品贸易必须以实验室检验的结果为质量依据。

(3) **质量监督机构及其检验**   加强蜂蜜质量的安全现状调查,加强监督力度,在对重点指标的专项调查的基础上,一批国家的专业实验室还应该逐步建立从养蜂专业户→工厂→商业公司→科研机构的监测网络,及时发现并杜绝蜂产品质量安全隐患。

（二）提升企业的整体水平

1. 积极调整和优化加工企业结构，主动加强食品工业与农业产业化的对接 一是紧紧围绕市场需求，通过市场配置资源，形成以大集团为骨干，中型企业为配套，小型企业为补充的现代食品工业体系。二是改变食品工业只是农业简单延伸的观念，确立以市场需求决定食品加工制造方向，以食品加工制造所需原料来带动农业产业结构调整方向的观念。积极探索食品工业与农业的合作模式（如订单农业、工厂化种养、公司加农户等），以保证稳定的长期的供需关系，促进农业和食品工业的协调发展。建立以食品生产为核心，向食品销售和农产品种（养）植两头延伸，拉长食品销售、食品加工、农产品种（养）植的产业链。

2. 强化食品质量安全意识，严格实行标准化生产 随着社会的进步、经济的发展、人民生活水平和保健意识的提高，食品安全和质量已成为当前的重大课题。一是加强对食品质量的监督、检查力度，充分发挥执法部门、行业管理组织及新闻舆论的监督作用。二是加强食品标准化生产的宣传、贯彻力度，推进食品工业企业质量体系的形成，通过多种形式的质量培训，如 GMP（良好生产规范）、HACCP（危害分析及关键控制点）、TQM（全面质量管理）、ISO 系列（质量认证），引导企业建立健全产品质量保证体系和运用国内外先进的管理方式及经验。三是逐步推进食品生产的法制化建设，尽快制定《食品生产管理条例》，促进我国食品工业与国际市场的接轨。

3. 实施名牌战略，扩大名牌效应 食品作为日常生活消费品，名牌拉动效应极为明显，必须大力实施名牌战略。积极引导企业严格按标准生产、加强质量管理，加大产品的宣传力度,塑造良好的企业形象,培育和发展名牌产品和用好名牌。

4. 采用高新技术改造蜂产品加工企业,推进企业技术进步 立足实际,加大采用信息技术和国际先进技术改造传统食品工业的力度。一是积极推广应用信息技术和国际先进技术,使之与现代管理技术及制造技术相结合,应用于企业的产品开发、生产、销售、服务和管理的全过程。不断增强企业和行业集中的县(市)自我创新能力,加速形成技术创新机制。二是大力推进产、学、研结合,鼓励食品科研机构、高等院校与企业加强合作,促进食品新技术的研究和应用技术的推广,加快科技成果向现实生产力的转化。三是广泛开展国际合作与交流,促进自主研发与引进、消化吸收先进技术相结合。四是加大政府对基础研究的投入,建立科研风险保障机制,培育一批具有广阔市场前景的高新技术食品企业。

5. 拓宽投资融资渠道,加大对蜂产品企业的投入 资金短缺和投入不足问题,是制约加快蜂产品企业结构调整和发展的主要原因之一。在市场经济条件下,增加投入的有效途径是推进投资主体多元化的重要措施。综合运用产业技术政策、行业规划、投资导向目标等手段吸纳社会资金,鼓励多层次、多形式、多种经济成分共同发展食品工业,尤其要在引进外资和聚集民间资金方面做好文章。

6. 搞活营销,积极开拓国内外市场 在市场经济条件下,搞活营销、开拓市场是加快食品工业发展的重要环节和先导工作。要在重视建设和培育食品专业市场、配送中心、食品超市的同时,大力发展市场中介组织,推行代理制和连锁分销方式,鼓励企业在各省、市、自治区的大中城市设立总代理、直销店,以营销打品牌,以品牌促营销。同时积极探索电子商务、物流配送等营销方式,加快形成全方位的销售和售后服务网络,引导和促进食品生产。要加强营销队伍建设,大力培训现代营销人员,大胆引进和使用营销人才,制定落实营销政策,重奖销售功臣;要以现代营销方式来适应现代食品工业,积极开拓国际市场,努力促进产品出口,采取有力措施,鼓励和支持有条件的企业争办自营进出口权,积极引导企业利用参加国内外举办的展销会、经济洽谈会、博览会等机会,跻身于国际市场,参与国际竞争。

近10年来,我国食品企业消灭无标准生产和建立标准体系的工作取得明显成效。但作为保健食品行业的蜂产品生产与加工企业标准化工作仍比较薄弱,标准化意识不强,执行标准水平偏低、实施差,影响了蜂产品企业的竞争力。随着我国入世和经济全球化步伐的加快,市场配置资源的作用越来越明显,质量安全消费需求日益突出,对蜂产品企业标准化工作提出了更高的要求。

蜂产品企业标准体系的建设和实施,不仅能为规范企业管理,建立高效科学的现代企业制度提供便利,而且将为企业加强标准化、计量和质量工作,构筑社会诚信机制,培育良好市场行为奠定坚实的基础,进而使我国蜂产品能够达到国际食品质量安全与贸易的要求。

第二章　蜂蜜加工技术

一、蜂蜜初加工的目的

一般来说,成熟的蜂蜜,浓度较高,具有较强的抗菌性,不易变质,符合食品卫生要求,可直接食用。但对于有些品种的蜂蜜,由于低温时容易出现结晶。因此,要通过加工,破坏蜂蜜中葡萄糖的结晶核,去除蜂蜜的结晶特性。

由于蜜蜂的品种不同和气候条件的影响,以及个别养蜂者贪图产量,不等蜂蜜成熟就进行取蜜,结果造成所生产的蜂蜜浓度太低,当温度变高时,蜂蜜中的酵母菌就会大量繁殖,酵母的发酵作用造成蜂蜜的分解变化,部分蜂蜜被分解为乙醇和酸类等,并放出二氧化碳,使包装物爆裂。因此,对这类蜂蜜需要进行必要的加工,才能作为商品出售。

蜂蜜加工的目的,就是通过过滤,去除蜂蜜中的杂质(如蜂蜡、巢屑、蜜蜂的残肢等);通过加温,破坏蜂蜜的结晶特性和杀死蜂蜜中的微生物(如酵母菌等);通过浓缩,去除蜂蜜中的部分水分。

二、蜂蜜的初加工技术

(一)成熟蜜的加工技术

成熟蜜指的是水分含量低于 18% 的原料蜂蜜,这类蜂蜜又可分为液态蜜、部分结晶蜜、完全结晶蜜和巢蜜。

1. 液态蜜的加工技术　如果原料蜜含水量低于18%，且没有出现结晶，只需要通过简单的过滤，去除蜂蜜中的杂质。因为这些杂质的存在，不但会影响外观，随着保存时间的延长，会促使加速蜂蜜的结晶进程，增加微生物的生长和繁殖速度，影响蜂蜜的品味，从而降低蜂蜜的营养价值，缩短商品蜜的货架寿命，所以，必须尽快地清除这些杂质。过滤是最简便、最实用的除去这些杂质的方法。

2. 部分结晶蜜和全部结晶蜜的加工技术　将原料蜜连同包装一块儿放置在烘房内，使蜜温升至45℃左右，维持4～8个小时；待原料蜜完全液化之后再进行过滤。

（二）未成熟蜜的加工技术

一般来说，从蜂巢中取出的洁净成熟蜜，可直接食用或用于深加工。但有时得到的蜂蜜水分偏高或混有杂质，为了防止发酵或结晶，要对蜂蜜进行初加工，以达到商品要求。初加工一般包括加热熔化、解晶液化、过滤去杂、浓缩除去多余水分等过程；特殊品种蜂蜜还要脱色脱味、促结晶等。可根据具体情况，确定工艺流程。

1. 蜂蜜的粗滤和精滤　蜂蜜的粗滤是指蜂蜜通过60目以下滤网（网孔内径小于或等于0.25毫米）的过滤处理。它主要用于滤去蜡屑、幼虫、蜂尸等较大的杂质。蜂蜜的精滤是指蜂蜜通过80目以上滤网（网孔内径小于或等于0.17毫米）的过滤处理。它继粗滤之后，进一步去除诸如花粉粒之类粒径更小的杂质，使蜂蜜更加清澈透明。

（1）蜂蜜过滤的工艺流程和生产线　蜂蜜过滤的工艺流程通常为：

蜂蜜加热→除去泡沫→粗滤→蜂蜜再加热→精滤→精滤蜜

蜂蜜过滤的生产线由加热设备、输送(加压)设备和分离(除沫、过滤)设备组成。企业可根据自身条件和生产实际的需要,选用下述设备。

可供选用的加热设备有:带搅拌桨蒸汽夹层锅、对流式蒸汽或热水加热器(列管式或板式换热器)、沉浸式蒸汽蛇管热水池、沉浸式电热蛇管热水池、热风式控温烘房等。

可供选用的输送(加压)设备有:齿轮泵、罗茨泵、滑板泵、螺杆泵等。

可供选用的分离(除沫、过滤)设备有:挡板式除沫器、叶滤器、板框过滤器、双联过滤器等。

以上设备中凡是与蜂蜜直接接触的部分,均应用不锈钢制造。

企业可根据现有条件和实际日生产量的要求,尽量利用已有设备,选购各级生产能力相互匹配的设备,使流水线尽可能简单实用。例如:

沉浸式蒸汽蛇管热水池→齿轮泵→双联过滤器(20目)→带搅拌桨蒸汽夹层锅→齿轮泵→双联过滤器(80目)→分装贮罐

热风式控温烘房→螺杆泵→挡板式除沫器→螺杆泵→叶滤器(40目)→板式换热器(加热)→螺杆泵→叶滤器(200目)→板式换热器(冷却)→分装贮罐

(2)蜂蜜过滤加工中应注意的问题 粗滤过程应视蜂蜜中杂质的状况,确定滤网的规格和过滤级数。当杂质较多,尤其是细小蜡屑较多时,通常采用二级或三级过滤。二级过滤的前级采用20目滤网,后级采用60目滤网。三级过滤的前级采用 12 目滤网,中级采用 30 目滤网,后级采用 60 目滤网。这样,可以在不增加过滤压力的情况下,提高蜂蜜粗滤的速度。

精滤的滤网越细越好,通常可采用 200 目和 400 目两道过滤。这样可以最大限度地减少蜂蜜中花粉残留量,以解决瓶装蜂蜜贮存过程中的瓶颈黑圈问题。

从影响过滤的因素来看,过滤速度与浆液的粘度成反比。因此,降低滤浆的粘度是提高过滤速度的主要措施之一。蜂蜜的粘度与温度直接相关。当蜂蜜的温度低于 38℃时,粘滞度增加很快;当蜂蜜的温度高于 38℃,粘滞度降低也很快。冷蜜是很难过滤的,必须先把蜜温提高,才能使蜂蜜的过滤顺利进行。在生产上把过滤蜂蜜的适宜温度定为 43℃。因为蜜温达到 43℃时,其粘度已降到易于通过滤网的程度,再提高蜜温对其粘滞度下降的影响不明显;其次是当蜜温超过 43℃时,其中的蜡屑将越来越柔软,易于粘连、堆叠而堵塞滤网孔眼,阻碍蜂蜜通过,当蜂蜜中还有蜡屑存在时,蜜温不得过高,以免蜂蜡熔化而无法滤除,导致日后出现瓶颈黑圈;再次是当蜜温超过 43℃时,蜂蜜中的蜂尸会因受热而发出臭味,使蜂蜜带有不愉快的异味。

2. 蜂蜜的解晶液化　绝大多数蜂蜜都会结晶,通常采用加热的方法使它解晶液化,又称融蜜。实践证明,蜂蜜所含有的酶、维生素、蛋白质以及抑菌素、芳香物质、柔酸等,在长时间的高温处理下,会遭到严重破坏,只有糖不受热处理的影响。所以,加热温度和加热时间的控制,是蜂蜜解晶液化的技术关键,也是保证产品质量的先决条件。

(1)热风式控温烘房内加热解晶液化　将需要解晶液化的蜂蜜,整桶放在能调节温度的烘房内,利用热空气给烘房加热。当室内温度达到 40℃时,采用自控装置使室内的温度恒定在 40℃左右,通常 5~8 个小时后,桶内的结晶蜂蜜就会变成软块,持续时间越长,解晶液化的程度越高。由于所采用的加热温度与蜂巢内温度相近,因此,不会破坏蜂蜜的天然成分。这种方法仅适用于蜂蜜过滤的前处理,以方便将蜂蜜移出桶外。

(2)水浴及蒸汽加热解晶液化

①水浴加热解晶液化　水浴加热就是利用水作为加热剂来提高物料温度的操作。它适合于 40℃~80℃ 的低温加热。采用此法进行蜂蜜加热解晶液化,可以避免温度过高而给蜂蜜品质带来危害,同时,水在单位时间内对单位面积传递的热量要比空气大得多。因此,对蜂蜜的加热效果要比热空气(热风)好。蜂蜜的水浴加热解晶液化通常采用两种方式,一种是恒温水浴解晶液化,另一种是强化传热水浴解晶液化。

第一,恒温水浴解晶液化。恒温水浴解晶液化,就是将整桶蜂蜜放入热水池中,使水温恒定在 40℃~50℃,通过自然传热让蜂蜜缓慢液化的方法。它较适用于小口蜂蜜桶内结晶蜜的液化。由于这种方法的传热温度差较小,解晶液化相当费时,仅为日生产量不大的小型蜂蜜加工厂利用夜间非正式上班时间采用,这样才能保证白天生产的正常需要。

第二,强化传热水浴解晶液化。强化传热水浴解晶液化,就是通过提高水温和增加对蜂蜜搅拌的强化传热方法,缩短蜂蜜解晶液化所需的时间。在有搅拌的情况下,水温可以提高到 90℃。对于广口蜜桶,可直接将装有大叶片的转动器插入蜜桶中搅拌蜂蜜,以强化传热;也可以将广口桶内的结晶蜜移到外通循环热水、内装有大叶片转动器的容器内,在动力的作用下,通过不停转动的桨叶,强化结晶蜂蜜吸收循环热水传来的热,以加快液化速度。对于小口蜜桶,应先用隔水电热棒或长轴式胶头搅拌器伸入蜜桶中搅化结晶蜜,使其成软块易于倒出,再移入外通循环热水、内装有大叶片转动器的容器内解晶液化。

②蒸汽加热解晶液化 蒸汽加热解晶液化所利用的加热剂是蒸汽。由于蒸汽在凝结时放出的潜热很大,单位时间内对每单位面积传递的热量要比热水大得多,消耗能量少,有利于减少动力消耗和设备投资费用。而且,它还具有用管道输送容易、加热均匀以及只要改变蒸汽压力就能调节加热温度的优点,所以,在实际生产中应用更为广泛。蒸汽加热解晶液化所用的设备是带搅拌桨的蒸汽夹层锅,夹层内通蒸汽做加热剂,搅拌桨起强化传热的作用,使解晶液化所需时间更短。这种设备还可用于蜂蜜的杀酵母和破坏蜂蜜中结晶核的处理,能起到一机多用的效果。

上述方法都属于结晶蜂蜜进行过滤加工的前处理,因此,蜂蜜最终平均温度应控制在 43℃左右,以保证蜂蜜的品质和后续过滤加工的顺利进行。

3. 蜂蜜的杀酵母菌与破晶核 绝大多数未经加工的蜂蜜,都含有大量的酵母菌和糖的小晶体,在贮藏过程中都会出现发酵和结晶析出的现象,从而影响蜂蜜的品质。为增强蜂蜜的贮藏性能及其商品的货架性能需要对其进行杀酵母菌与破晶核处理。

(1)蜂蜜发酵的主要因素及处理 蜂蜜的发酵,主要是蜂蜜中耐糖性酵母菌和其他一些细菌在适宜的条件下大量繁殖,把蜂蜜中的糖分转化为乙醇和二氧化碳,在氧气充足的条件下,醋酸菌再把乙醇分解为醋酸和水的过程。

蜂蜜中的酵母菌来源于植物的花朵和土壤,空气中也含有酵母菌,所以,当蜂蜜暴露在空气中时,受到酵母菌的侵染,条件适宜时大量繁殖,使蜂蜜发酵。

蜂蜜具有吸湿和结晶的特性。它的表层如果暴露在空气中时便吸收空气中的水分,使表层浓度逐渐变稀,形成一层很薄的稀释层。未成熟的蜂蜜含水量较高,半结晶的蜂蜜液体部分的含水量相应增高,在适宜的温度下,具备上述条件的蜂蜜有利于酵母菌的生长繁殖,引起发酵。

有试验证明,当蜂蜜的含水量在17.1%以下时,无论菌体含量多少,1年之内蜂蜜不会发酵。若含水量在17.1%~18%时,每克含1 000个以下菌体的蜂蜜,1年之内不会发酵;若含水量在18.1%~19%,每克含菌体10个以下能够保持1年,在这种条件下耐糖性酵母菌就停止生长繁殖。当含水量超过20%时,即有利于酵母菌的大量生长繁殖,若超过33%时,酵母菌的繁殖更快。另据报道,蜂蜜发酵的适宜温度为11℃~19℃,在这个温度范围内有利于酵母菌的生长繁殖。若在更高的温度下,其他种类的细菌、真菌也参与发酵的整个过程,从而加速蜂蜜的发酵,糖分的分解速度加快,品质变劣更快。

蜂蜜发酵的原理:物质中能被微生物利用的有效水分,称为水分活性或水分活度(Aw),其数值等于该物质中的溶质溶于其游离水所形成的溶液的蒸汽压与同温度下纯水蒸汽压的比值。根据酵母菌对渗透压的适应性,分为普通酵母菌和耐渗透压酵母菌两大类。适宜于普通酵母菌生长的Aw值在0.88以上,而耐渗透压酵母菌生长的最低Aw值也大于0.6。蜂蜜水分活性值估算公式:

Aw=0.025×每百克蜂蜜中含水的克数+0.13

只要蜂蜜中的含水量大于或等于18.8%,即浓度小于42波美度,蜂蜜中的酵母菌就能生长繁殖,致使蜂蜜发酵变质。尤其是当气温高于25℃时,蜂蜜中的酵母菌处于最适生长温度(25℃~37℃)下,蜂蜜的发酵变质会加速。因此,对于42波美度以下的蜂蜜需进行杀酵母处理。

蜂蜜的杀酵母菌处理通常采用加热法,对加热的温度和时间,必须从两方面加以考虑:一是加热所需的温度和时间要大于酵母菌的耐热性,即55℃~60℃,10~15分钟;二是加热所需的温度和时间,要小于蜂蜜品质(即蜂蜜的酶值、维生素含量、色泽、香味等重要指标)基本保持不变的极限温度和时间,即70℃、45分钟,75℃、20分钟和85℃、10分钟。

为了防止蜂蜜发酵,蜂场(生产者)除了取成熟蜜,注意盛蜜容器的卫生外,还应特别注意蜂蜜的密封贮存,在10℃~20℃保持贮藏室通风、干燥。如有条件,可在5℃~10℃的低温下贮存,因为低于10℃时,酵母菌就停止生长,发酵即可能停止,因而能有效防止蜂蜜的发酵和由贮存不当所引起的一些变化。如色泽变深、酸度升高、淀粉酶活性下降、含水量增加等。对轻度发酵的蜂蜜,应采取隔水加热到62.5℃,保持30分钟进行处理,杀死酵母菌,终止发酵,然后装桶密封保存。

(2)蜂蜜结晶析出的主要原因及处理 蜂蜜是糖的过饱和溶液,在贮藏过程中大部分都会有结晶析出,产生分层现象,从而影响蜂蜜的感官性状及商品货架性能。影响结晶析出速率的主要因素是结晶核的数量。蜂蜜中结晶核越多,其过饱和糖溶液中的糖向结晶核表面迁移、沉积的距离和时间越短,结晶体长大的速度也越快。因此,去除蜂蜜中的结晶核是保持蜂蜜过饱和糖溶液液体状态相对稳定的重要措施。蜂蜜中的结晶核主要是由肉眼看不见的糖的小晶体和花粉粒等组成。通常花粉粒的量很小,且易于被200目以上的滤网所滤除,大量的结晶核是糖的小晶体。对于糖的小晶体,可以通过77℃以上的加热温度使之融化以去除。经此处理,可以延缓蜂蜜重新析出结晶的进程,使其能保持较长时间的液体状态。

(3)蜂蜜的杀酵母菌与破晶核的处理　由于蜂蜜的破晶核处理温度与杀酵母菌处理的温度一致,因此,蜂蜜的破晶核处理常常与蜂蜜的杀酵母菌处理同时进行。

蜂蜜的杀酵母菌与破晶核处理,多采用短时间、快速加热并快速降温的方法。经 80℃、10 分钟处理既不会使蜂蜜中酶失活和羟甲基糠醛增加,又能杀灭酵母菌与融化结晶核。

蜂蜜的杀酵母菌与破晶核处理,可用带搅拌浆蒸汽夹层锅、管式换热器、板式换热器等设备。通常是将经粗滤后的蜂蜜在带搅拌浆蒸汽夹层锅内加热至 80℃保持 1～2 分钟后,立即经管式换热器或板式换热器冷却至 50℃以下;也可以采用两组管式换热器或板式换热器,一组通蒸汽或热水用于快速加热,另一组通冷水用于快速冷却。

4. 蜂蜜的脱色、脱味　深色蜂蜜如荞麦蜜、桉树蜜、山花椒蜜等的含铁量高,具有辅助造血的作用,这对贫血患者来说,是一种理想的保健蜂产品。但是,由于这些蜂蜜色重、味臭,消费者不愿食用;若将它直接添加到其他食品中,又会影响食品风味。因此,必须对这些蜂蜜进行脱色、脱味处理。

蜂蜜的脱色、脱味是利用多孔性固体作为吸附剂,使其中的一种或数种有色有味组分被吸附于固体表面,以达到分离的加工处理。

蜂蜜脱色、脱味的吸附操作流程分为 3 步:先使液体与吸附剂接触,液体中部分吸附质被吸附剂吸附;再将未被吸附的物质与吸附剂分开;最后进行吸附剂的再生或更换。

蜂蜜脱色、脱味吸附操作的方法主要有两种,其区别在于液体和固体的接触方式。第一种称为接触过滤法,吸附主要在搅拌容器内进行,使固体吸附剂与液体均匀混合,形成悬浮液,促使吸附的进行。吸附进行完毕之后,再进行过滤操作,除去液体中的吸附剂。第二种称为渗滤法,吸附剂在容器中形成床层,溶液在重力或加压作用下流过床层。床层可以是固定床或移动床。

(1)接触过滤吸附设备 这种吸附设备包括混合桶、料泵、压滤机和贮桶等4部分(图2-1)。液体和吸附剂在混合桶中密切接触,在蜂蜜处于低粘度所需的温度下维持一定的时间后,用料泵将其送入压滤机中,分离出固体吸附剂及其所吸附的色素和杂质等。从压滤机流出来的滤液应达到适当的净化,否则须将浑浊液返回重新过滤。混合桶多为圆筒形的开口或密闭容器,带有加热夹套或蛇管,并有搅拌装置。应用这类设备的流程为间歇式操作。

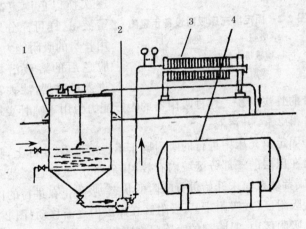

图 2-1 接触过滤器设备示意图
1. 混合桶 2. 料泵 3. 压滤机 4. 贮桶

(2)固定填充床吸附设备 这种设备为吸附柱,柱身圆筒形,高 6～10 米,直径 0.6～1.2 米(图2-2)。应用这类设备的

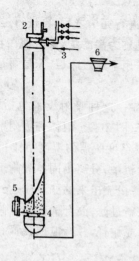

图 2-2　固定填充床吸附设备示意图

1. 吸附柱　2. 吸附剂加入口
3. 蜜液进入管路　4. 支承栅条
5. 吸附剂卸出口　6. 过滤器

流程多数为半连续式操作。

吸附剂骨炭从上端带盖的孔口装入,直立在上覆金属筛网或滤布的栅条之上,从下部孔口卸出。蜜液由管路进入吸附柱,总管上联接若干带阀门的支管,可分别加入不同色度的蜜液。随着骨炭表面被吸附的色素增加,逐次换以色度更高的蜜液,这样可充分地利用骨炭的吸附能力。经脱色后的溶液沿料管进入过滤器,滤去其中夹带的骨炭细粒。这种吸附器的生产能力为用 1 吨骨炭每分钟可得 2～4 升溶液。

固定填充床中进行的吸附属于不稳定过程。实际上,吸附只是在床层的一部分区域内有效,其余部分,或者已经达到平衡,或者处在尚未开始进行吸附的状态。吸附正在进行的区域称为吸附区(或吸附带)。吸附区在床层内逐渐移动(图 2-3)。

吸附区内,吸附剂的吸附量在吸附区的前端已达饱和,而在吸附区的末端则吸附刚刚开始。随着吸附区逐渐向出口处推移,吸附区内吸附量分布曲线和浓度分布曲线在多数情况下作平行移动。及至吸附区的末端到达床层的出口端,此时流出的溶液中出现未被吸附的吸附质,此时称为转效点。全部吸附进行的时间,称为转效时间。

（3）加工技术 深色蜂蜜的脱色、脱味目前多采用接触过滤加工法,为降低蜂蜜的粘度,在深色蜂蜜中加入其重量 0.5～1 倍的水,于混合桶中稀释至波美度 50 以下,这样有利于吸附剂与蜜中有色、有味物质的充分接触。

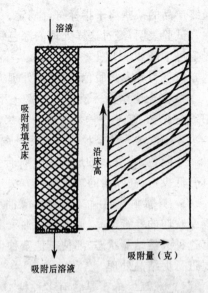

图 2-3 吸附区在床层内移动示意图

视原蜜色深程度及最终产品的色泽要求,加入原蜜重量 0.5％～2％ 的活性炭,于混合桶的夹层中通入蒸汽或热水,加热至 50℃,以进一步降低蜂蜜的粘度、加快吸附过程中被吸附物质的传质速度,在搅拌的条件下保持 20～30 分钟,让活性炭充分吸附有色、有味物质;当活性炭充分吸附有色、有味物质之后,再加入 3％ 的酸性白陶土或高岭土,充分搅拌 10 分钟后静置,使活性炭絮凝和沉淀,以利于后续过滤顺利进行。

将上清液泵入过滤机,经 200 目过滤后,送入真空浓缩设备浓缩至含水量小于或等于 18％;有时根据客户的要求,还要在过滤之后与浓缩之前,再经阴、阳离子交换处理,以保证最终产品的某些离子指标符合规定。

试验表明,经过这样处理的深色蜂蜜,色变浅,味变佳,吸光值可下降80%以上。

以下为荞麦蜜脱色、脱臭的处理方法,具体步骤如下:

杂花等外蜂蜜→预热→粗滤→原料罐中加入脱臭、脱色剂进行脱色、脱臭→一次精滤→一次真空浓缩→回香装置→二次真空浓缩→综合搅拌→贮存→成品

经脱色、脱臭后的成品完全符合食用、药用要求,是一种具有低投资、高收益的蜂蜜生产方法。

5. 蜂蜜的促结晶 白色细腻油脂状结晶蜂蜜也是一种颇受欢迎的蜂蜜产品。通常只有油菜蜜、橡树蜜等几种蜂蜜具有这种天然结晶状态。要使其他蜜种也形成这种结晶状态,需要进行促结晶处理。

(1)原理 蜂蜜是含有多种糖、氨基酸、维生素等溶质的复杂溶液体系,其主体属于过饱和糖溶液,在自然存放过程中会形成糖的结晶析出。不同种蜂蜜中各种糖的含量不一样,不同种糖的溶解度及其溶液的粘度也不一样。结晶的形成要经过晶核自发形成阶段,溶质在晶核表面析出、晶体成长阶段,最后达到溶质在晶体表面析出与晶体在溶液中溶解平衡阶段。当溶质的量一定时,晶核的数量越多,在晶核表面平均析出溶质的量就越少,形成的晶体也就越小。当溶质在晶体表面析出与晶体在溶液中溶解达到平衡阶段时,如果晶体之间的间隙可以完全容纳剩余的平衡溶液,那么这种结晶状态在外观上看不出还有剩余的平衡溶液存在,也就是所谓的完全结晶。剩下的平衡溶液越少,也就是各个晶体表面附着的溶液量越少,这种结晶状态的外观整体就越硬;反之,则越软。如果结晶体越细小,大小越一致,那么这种结晶状态的外观整体就越

白、越细腻。

（2）方法　进行蜂蜜的促结晶处理，就是使液态蜂蜜的外观整体达到呈白色、细腻、油脂状结晶的要求。首先对不同葡萄糖含量的蜂蜜进行配兑，使用于加工的蜂蜜的葡萄糖含量大于35%。第二，尽量降低蜂蜜的含水量，通常要浓缩到含水量小于18%。这样既可提高常温下蜂蜜中糖的过饱和浓度，也减少最终附着于晶体表面的溶液量，使结晶蜂蜜于常温下不易融化。第三，采用快速降温的方法，使蜂蜜中糖的过饱和浓度迅速达到预期的浓度，并在搅拌的作用下，加速传热，加快扩散，促进大量晶核不断形成和成长。第四，加入适量的经胶体磨磨细的结晶蜂蜜作为晶种，在快速降温和搅拌的情况下，诱导蜂蜜加快形成完全结晶状态。

6. 蜂蜜的浓缩加工　蜂蜜的浓缩加工是指在蜂产品加工中，通过蒸发去除蜂蜜中多余的水分，使之符合规定的要求，同时蜂蜜的色、香、味、淀粉酶值、脯氨酸、羟甲基糠醛等也需达标。

原蜜按理不需要加工，但由于多种应用的要求和销售的方便，有时要进行一些必要的加工处理。蜂蜜的加工工艺是否合理，直接影响蜂蜜的质量，如香气、色泽、酶值、羟甲基糠醛等都会在加工过程中发生变化。因此，蜂蜜加工必须在专业加工厂进行。

（1）蜂蜜浓缩加工的工艺流程

原料检验→选料配料→预热融蜜→粗滤→精滤→升温→真空浓缩→冷却→中间检验→成品配制→成品检验→包装入库

（2）蜂蜜浓缩加工的步骤　原蜜进厂后首先分花、分色归类和质量检验，检验淀粉酶值，蔗糖、葡萄糖、果糖含量，抗生素、碳同位素,检验的指标不能低于《无公害食品 蜂蜜 NY 5134—2002》对天然蜂蜜规定的最低要求,以此区分质量和鉴别真伪。根据鉴定的质量进行选料配料。要从消费者需求和原料蜜质量检验情况出发,以色泽、含水量、酶值等指标,配合成质量一致和统一规格的拟加工的原料蜜。配料完毕即可预热,预热方式为水浴式。严禁用明火或其他热源对蜂蜜直接加热。预热温度应在60℃以下。时间以结晶液化至蜂蜜全部融化为限。一般控制在60分钟以内。为使粗粒结晶蜜液化,可将蜂蜜原料从桶中倒入夹层锅内,加温到38℃~43℃,边加温边开动搅拌器进行搅拌,使蜂蜜受热均匀,以加速解晶。为了保持倒蜜过程中的清洁卫生,融蜜的夹层锅边缘要高于地面。有条件的单位最好采用真空负压或其他方式从蜜桶直接吸蜜。已解晶的蜜要趁蜜温尚未降低时,以60~80目的滤网进行粗滤,粗滤时可以采取自然过滤、框板式压滤机过滤或蜜泵抽滤等方法。通过粗滤,除去蜂蜜内的死蜂、幼虫、蜡渣等杂质。粗滤后进行中滤,以清除粗滤时剩下的杂质。中滤时,滤网为90目,蜜温控制在38℃~43℃,加热时间在10分钟之内。为达到精制蜂蜜的标准,经中滤后的蜂蜜需再进行精滤。精滤时,通过板式换热器,将中滤后的蜂蜜升温至60℃,保持30分钟,使其粘稠度降低,以便进行精滤。升温同时还起到融化细微结晶粒和杀灭耐糖酵母菌的作用。精滤时,使用的滤网为120目。滤网过细会使蜂蜜中所含花粉滤掉,有损于蜂蜜的营养价值。然后用泵抽入真空浓缩罐(不超过50℃)或薄膜蒸发罐(不超过70℃),使水分达到18%以下,严禁使用对蜂蜜直接加热而蒸发水分的浓缩方式。在保证真空度0.09兆帕以上的条件下,视原料蜂蜜浓度和预包装用蜂蜜的要求而确定浓缩时间,一般不超过45分钟。

（3）蜂蜜浓缩质量的有关影响因素

①加热器总加热面积的影响　加热器总加热面积,也就是蜂蜜受热面积。加热面积越大,蜂蜜所接受的热量亦越大,浓缩速度就越快。其次,加热蒸汽的温度与蜂蜜间温差的影响。温差越大,蒸发速度就越快。加大浓缩设备的真空度,可以降低蜂蜜的沸点。加大蒸汽压力,可以提高加热蒸汽的温度。不过压力加大时容易出现焦管,因而可能影响蜂蜜产品质量。所以,加热蒸汽的压力一般控制在 49～196 千帕。

②蜂蜜翻动速度的影响　蜂蜜翻动速度越快,蜂蜜的对流情况越好,加热器传给蜂蜜的热量就越多,蜂蜜既受热均匀又不容易发生焦管现象。另外,由于蜂蜜翻动速度快,在加热器表面不易形成液膜,因为液膜能够阻碍蜂蜜的热交换。蜂蜜的翻动速度又受蜂蜜与加热器之间的温差、蜂蜜的粘度等因素的影响。

③蜂蜜浓度与粘度对浓缩的影响　在浓缩开始时,由于原料蜂蜜的浓度一般不高、粘度较小,对翻动速度影响不大。随着浓缩的进行,蜂蜜中的水分不断被汽化排出。蜂蜜浓度提高,即蜂蜜中干物质的含量增加、比重加大,蜂蜜逐渐粘稠,沸腾情况也逐渐减弱,流动性差。提高温度可以降低粘度,但容易出现焦管。

④蜂蜜浓缩时温度的控制　蜂蜜进入浓缩器后,温度的设定多是按照既定的要求进行,一般比较容易控制。而在蜂蜜进入浓缩器之前的温度却往往被忽视。而正是进入浓缩器之前的蜂蜜温度对浓缩却产生重大影响。因此,必须对进入浓缩器之前的蜂蜜温度严格控制,以便达到预期的浓缩要求。控制方法一般可以在进入浓缩器前的工艺中设置一个缓冲贮罐或沉箱,并在沉箱上增加水浴恒温加热设施,为使温度得以更好

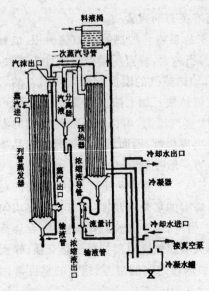

图 2-4 升膜式减压蒸发器

控制,可以加上一个接触继电器以便控温。

(4)蜂蜜浓缩加工的设备 国内外广泛应用的蜂蜜浓缩设备是升膜式减压蒸发器(图 2-4)和刮板式薄膜减压蒸发器(图 2-5),其中立式刮板薄膜真空浓缩器的构造更符合蜂蜜粘度大又具有热敏性的特点,故多被选用。这种浓缩器在浓缩时料液成液膜状态,而且不断更新,其总传热系数较高,一般可达 1 163～3 489 瓦/平方米。真空浓缩设备的关键部件是真空装置。真空装置主要有机械泵和喷射泵两类。前者如往复式真空泵,后者如水环式真空泵、水力喷射器、蒸汽喷射器等。机械类真空装置尽管较清洁,但一般机体噪声较大,维护费较高,目前采用的厂家不多,水力喷射器则因为装置成本较低、使用费不高,目前应用的厂家较多,但这种装置在密封圈密封效果降低后,不注意的话,在遇到紧急情况如突然停电时会出现喷射水的倒流而影响加工蜂蜜的质量。蒸汽喷射装置原理与水力喷射装置类似,它有抽气量大、真空度高、安装运行和维修简便、价格不高、体积不大等优点,但这种装置要求较高的蒸汽压力和较为稳定的蒸汽气量,要运行较长时间(一般 30 分钟)才能达到较高的真空度等等。因此,目前只有在一些条件较好的单位使用。

其他还有化蜜槽、辅蜜泵、粗滤器、细滤器、缓冲贮罐、过滤器、压滤机、真空装置、真空浓缩器、换热器、贮罐、洗瓶机、灌装机等相关配套设备。

(5)加工标准 我国一些企业为了确保蜂蜜加工工艺的合理性,规定了下列内控标准,可供各生产厂家参照执行。

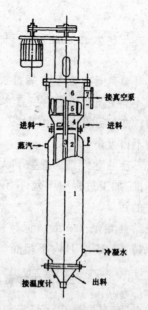

图 2-5 刮板式薄膜减压蒸发器
1. 器体 2. 刮板 3. 轴 4. 进料分配器 5. 除沫器 6. 汽液分离器 7. 二次蒸汽出口

①淀粉酶值转化率 加工后不能超过 2%;经过杀菌浓缩后不能超过 5%。

②颜色变化率 用普方特色泽分级仪来检测蜂蜜加工以后颜色变化率,要求颜色加深不得超过普方特色泽分级仪波长范围 8 毫米。

③羟甲基糠醛改变量 蜂蜜加工后羟甲基糠醛的累计最高增加量不得超过 1 毫克/100 克。

④留存固体颗粒的粒度 粒度应小于 0.175 毫米,但也不能没有固体颗粒。

⑤含水量 经过加工后的蜂蜜,其含水量应满足不同用途的要求,但一般市场销售的蜂蜜含水量应控制在 20% 以

下。

⑥香气和味道　加工后应保留一定的天然香气,不得有异味。

⑦耐糖酵母菌数量　蜂蜜加工后含水量在 19% 时,耐糖酵母菌不得超过 10 个/克;含水量在 20% 时,耐糖酵母菌不得检出。加工后的蜂蜜,在封装条件良好而不受污染时,在 12 个月内不得发酵。

⑧卫生指标　细菌总数和大肠菌群近似值不得超过国家卫生标准。加工过程中不允许有铅、锌和有害重金属及其他有害物质的污染。

⑨结晶期限　一般应保持销售期内不结晶,经过特殊处理应保持 8~10 个月内不结晶。

(三)固体蜂蜜的加工技术

目前,国外制造固体蜂蜜,其固化技术一般分加热烘制和真空干燥两种。从产品成分上,有完全用蜂蜜的,也有以蜂蜜为主,添加其他适量辅料制成的。产品形状有粉状、颗粒状和块状等。

1. 粉状蜂蜜

(1)工艺流程　蜂蜜调配→脱水→升温加热→冷压→粉碎→包装→检验

(2)操作方法　先将来源不同的蜂蜜经调配均匀,使其达到规定的色泽、香味。然后快速加热蜂蜜,在蒸发干燥器中脱水,使其含水量降至 1%~2%,并经热交换器在 10 秒钟内将脱水蜂蜜加热到 116℃,再通过 1 对 0℃ 的水冷压轧辊压成薄片。最后把薄片粉碎成含水 2% 以下的蜂蜜粉,密封包装。

有人在液体蜂蜜中添加淀粉和酪朊酸钠,调节浓度后,送入 130℃～140℃的热风中,在排风温度为 80℃～90℃条件下进行喷雾干燥。用这种方法制得的固体蜂蜜不吸湿,不易结块,能保持蜂蜜原有的风味,溶解后仍能得到透明的溶液,可广泛用于粉末食品和饮料中。

2. 颗粒蜂蜜

(1)工艺流程　蜂蜜调配→加热→混合→热压和脱水→粉碎→包装→检验

(2)操作方法　在配好的蜂蜜内添加适量卵磷脂,加热至55℃,然后混入 30%的淀粉(在 66℃以下胶质不变的淀粉)搅拌均匀。在 50℃下保温 8～16 小时,再经 2 个通入蒸汽的大轧辊间(其温度在 170℃左右),在 30 秒钟内脱水并压成薄片,最后粉碎成颗粒,并添加硬脂酸钙或二氧化硅等抗结剂,用塑料袋抽真空充气包装。

3. 片状蜂蜜

(1)工艺流程　称重→过滤→混合→制粒→干燥→粉碎→调制→压制→包装→检验

(2)配方　蜂蜜和胶状淀粉 127.12 千克,脱脂干乳粉 4.54 千克,蒸馏水 9.092 升,异丙醇 9.092 升,硬脂酸镁1 500克,维生素 8 000 克。

(3)操作方法　将原料称重后,加入脱脂干乳粉,通过12～14 目的过滤网过滤混合,并添加蒸馏水和异丙醇,调和均匀,制粒。然后将颗粒置于盘内,在 45℃下干燥 12 小时或放露天干燥,时间则视具体情况而定。干燥后进行粉碎,并加入润滑剂硬脂酸镁,搅拌混合 5 分钟,最后压成片状包装。

三、蜂蜜产品深加工的目的

现代科学研究表明,蜂蜜既是一种营养价值很高的天然食品,又是滋补品和天然药品。由于蜂蜜中含有大量容易被人体吸收的单糖和一些维生素、氨基酸,对老人、儿童、产妇以及病后体弱者特别适宜。

据分析,目前全世界每年蜂蜜的总消耗量中,约有 90% 是被人们直接食用了。蜂蜜的主要营养成分是糖类,它的发热量高。蜂蜜的糖类成分中含有 70%~80% 的葡萄糖和果糖,所以,蜂蜜不需要消化就可以为人体吸收。蜂蜜不但含有较多的糖分,而且含有无机盐、有机酸、蛋白质、维生素和酶等多种营养物质,这些都是白糖所不可比拟的。

由于蜂蜜营养丰富,容易消化吸收,而且它不含脂肪,服用方便,香甜适口,是老人、儿童、运动员、重体力劳动者和病弱者的理想食品,被誉为"健康之友"、"老人牛奶'、"糖中之王"。直接食用蜂蜜的一般方法是早、晚各 1 次,每次 20~30 毫升,以不超过 60℃ 的温开水冲服,或在进早餐时把蜂蜜涂抹在面包、馒头片上,也可以把蜂蜜放入温热的豆浆、牛奶中。对于运动员和重体力劳动者,可于参加剧烈运动或劳动前后服用蜂蜜,以利于提高血糖,增进体力或迅速消除疲劳,被认为是完美的滋补食品。

蜂蜜作为医药用途,历代医药学著作中都有不少记载,最早的《神农本草经》记载,蜂蜜"味甘、平"。"主心腹邪气,诸惊痫痓,安五脏诸不足,益气补中,止痛解毒,除众病,和百药。久服强志轻身,不饥不老,延年神仙"。《神农本草经》在记载的 365 味药材中,将蜂蜜列为上品药。汉代张仲景著《伤寒论》和

《金匮要略》中也曾多次应用蜂蜜,尤其是丸药中广泛使用了蜂蜜,丸剂中蜜丸占80%。明代伟大的医学家李时珍在《本草纲目》中阐述蜂蜜的药理作用最为全面,蜂蜜其"入药之功有五:清热也,补中也,润燥也,解毒也,止痛也。生则性凉,故能清热;熟则性温,故能补中;甘而平和,故能解毒;柔而濡泽,故能润燥;缓可去急,故能止心腹、肌肉疮疡之痛;和可以致中,故能调和百药,而与甘草同功。张仲景治阳明结燥,大便不通,蜜煎导法,诚千古神方也"。

蜂蜜具有如此广泛的用途,决定了对其进行深加工的意义。即蜂蜜深加工的意义就在于根据不同人群的使用要求,将蜂蜜加工成为便于食用、功效明确,并能为广大消费者所接受的产品。

四、蜂蜜产品深加工的技术和配方

(一)蜂蜜食品的加工技术和配方

1. 以蜂蜜为营养甜味剂制作的食品 蜂蜜糕点是以蜂蜜为营养甜味剂制作的食品。蜂蜜富含营养成分,其中的果糖有吸湿和保持水分的特点,因而被广泛地应用于烘烤食品,如面包、饼干、蛋糕类及月饼等的加工制作,使这些产品在味道、耐贮藏性、结构和外观等方面具有特点,质地紧密柔软,光滑明亮,清香爽口,不易变干。对选配糕点的其他原料,美国标准法曾规定,对果子冻、果子酱和蜜饯等,蜂蜜是一种可选用的配料。河北唐山的蜂蜜麻糖、江苏丰县的蜂糕和山西闻喜的蜜饼等,都是传统风味糕点。

蜂蜜糕点品种繁多,制法不一。常见的几种中国蜂蜜糕点的配料方法为：

（1）蜂蜜麻糖 精面粉 45 千克，香油 11.4 千克，蜂蜜 9 千克，花生油 26.6 千克，白糖 30 千克，桂花 0.5 千克，饴糖 6 千克，食盐适量。

（2）蜂蜜蛋糕 白砂糖 18 千克，新鲜鸡蛋 18 千克或 20 千克，精面粉 18 千克，青梅 1 千克，花生油 1 千克，桂花 0.5 千克，瓜子仁 0.5 千克，蜂蜜 2 千克。按生产蛋糕方法加工。

（3）蜂蜜饼干 面粉 30 千克，鸡蛋 4.5 千克，蜂蜜 2.5 千克，麻油 3 千克。按生产饼干方法加工。

（4）蜂蜜奶卷 精面粉 32 千克，蜂蜜 3.5 千克，白砂糖 11 千克，饴糖 1 千克，炼乳 1 千克，食油 5 千克，香油 0.5 千克，鸡蛋 1.5 千克。

（5）蜂蜜桃酥 面粉 50 千克，白糖 15 千克，猪油 5 千克，豆油（或花生油）10 千克，蜂蜜 2.5 千克，核桃仁 2.5 千克，面起子 0.6 千克。

（6）蜂蜜杏仁酥 面粉 3 千克，白糖 1 千克，蜂蜜 2.5 千克，花生油 1.25 千克，鸡蛋 3 千克，花生仁 0.5 千克。

2. 各种功能性蜂蜜

（1）银杏蜜 其制备方法主要是由银杏及其附加物混合熬制而成。其特点是把银杏经破碎、蒸煮、取汁，然后同自然蜜混合，经熬制过滤冷却沉淀而制成。用此种方法制造出的银杏蜜营养丰富，口感好，热量低，能促进人体对钙的吸收和利用，不仅可满足人体对钙的需求，并且还有较高的药用价值。能满足现代婴幼儿、青少年、老年人及孕妇的特殊的医学及营养要求。是非常好的补品及医用食品。

（2）特色营养蜜 将蜂王浆、花粉、蜂蛹分别经破碎、过滤后，取 1 种或两种与已过滤、在 0℃～37℃温度条件下真空浓缩后的蜂蜜按比例混合;并将混合物反复进行减压搅拌与加压均质两次以上,至蜂蜜与蜂王浆、花粉或蜂蛹混合均匀为止。它的特点是把经破碎、过滤预处理的蜂王浆、花粉或蜂蛹,在常温下与蜂蜜混合,将混合物经反复进行真空搅拌和加压均质,形成蜂蜜与蜂王浆、花粉或蜂蛹的稳定结合,从而制成营养价值极高的特色营养蜜。同时也提供了一种在常温条件下长期保存蜂产品的方法。

(3)姜汁蜜　天然姜汁蜜是由生姜汁、蜂蜜组成,各组分重量百分比为:天然生姜汁 50%～90%,蜂蜜 10%～50%,各组分重量之和为 100%。本品系纯天然成分,具有祛寒、健胃、除痰、止咳、解毒通便、温中止呕、驻颜美容等作用,是一种老少皆宜的保健品。

(4)菊花蜜　是一种防暑降温的保健饮品。菊花蜜由菊花和蜂蜜为主要成分配合而成。其中菊花分两步提取:第一步为蒸馏法,第二步为用水为溶剂加热提取。它利用菊花的清热解毒,清肝明目的功效,利用蜂蜜的润肠、润肺的功效,来实现防暑降温的目的。本制品既是夏季防暑降温的最佳保健饮品,也是冬季清除内热的最佳保健蜂产品。

(5)生 姜 蜜

①配方　鲜生姜 30 克,蜂蜜 30 克。

②配制与用法　鲜生姜 30 克加水煎取汁,用 30 克蜂蜜调对开水冲服,每天 3 次。

③功效与主治　温肺止咳,温中止呕,用于肺寒咳嗽及胃寒干呕等症。

(6)五倍子蜜

①配方　五倍子 8 克,蜂蜜 30 克。

②配制与用法　五倍子研末,蜜水冲服,每天 3 次。

③功效与主治　补肾纳气平喘,用于肾不纳气之咳喘、气短等症。

(7)五味子蜜

①配方　五味子300克,蜂蜜300克。

②配制与用法　用600毫升水煎五味子,浓煎取汁300毫升,过滤去渣,对入蜂蜜300克,加山梨酸钠适量防腐,灭菌后装瓶,每次服10～30毫升,每天3次。

③功效与主治　敛肺气、止咳嗽,用于慢性支气管炎。

(8)酥梨蜜

①配方　砀山酥梨500克,蜂蜜适量。

②配制与用法　酥梨压榨取汁,用等量蜂蜜调对,每次服30克,每天3次。

③功效与主治　润肺、养阴、止咳,用于干咳,燥咳、阴虚咳嗽。

(9)杏仁蜜

①配方　北杏仁15克,蜂蜜30克。

②配制与用法　北杏仁煎汁、调蜜服。每天3次。

③功效与主治　润肺化痰止咳,用于感冒后咳嗽。

(10)胡桃蜜

①配方　胡桃肉20克,蜂蜜30克。

②配制与用法　胡桃肉研末,蜜水冲服。

③功效与主治　润肺止咳,用于肺肾阴虚之咳喘。

(11)枇杷蜜

①配方　枇杷叶20克,白及20克,罂粟壳10克,甘草10克,蜂蜜50克。

②配制与用法　枇杷叶去毛洗净,罂粟壳去筋膜,白及打碎,诸药同煎取汁,对入蜂蜜50克,分2次服。

③功效与主治　止咳化痰,用于久咳。

(12)三冬蜜

①配方　款冬花 10 克,天冬 15 克,麦冬 15 克。

②配制与用法　诸药煎汁,蜂蜜 50 克调对,分 2 次服。

③功效与主治　阴虚咳嗽。

(13)阿胶蜜

①配方　白及粉 20 克,阿胶 6 克,蜂蜜 30 克。

②配制与用法　阿胶、蜂蜜加水适量溶化,冲白及粉服,每天 2 次。

③功效与主治　体虚咳嗽,痨咳痰中带血丝者。

此外,功能性蜂蜜还包括珍珠养颜蜂蜜、花粉养颜蜂蜜、中老年保健蜂蜜、妇女补铁养生蜜、儿童蜂蜜等。此外,用蜂蜜加工食品,其种类繁多,如蜂蜜月饼、蜂蜜水果饯、蜂蜜面包等等。

3. 各种蜂蜜果汁、菜汁　工艺流程为:

新鲜菜汁、果汁

蜂蜜→预热→过滤→均质→真空浓缩→冷却→检查→包装→成品

新鲜蔬菜、水果榨汁后,应将菜汁在 4℃～10℃ 的低温库中保存,菜汁、果汁可含菜肉、果肉,但不得有菜皮、果皮、大块纤维及肉眼可见杂质。菜汁、果汁比重为 1.00～1.10。

菜汁、果汁和蜂蜜混合时,应将冷的菜汁、果汁加入预热过的蜂蜜中,边加边搅拌。均质温度为预热温度,即 50℃。均质时间为 10～15 分钟。

将均质后的蜂蜜和菜汁、果汁混合物泵入真空浓缩罐中,在真空度 82.66～93.32 千帕,温度 45℃～50℃ 的条件下,浓缩成膏酱状。

(1)蜂蜜甘蓝汁

①配方　蜂蜜 40 克,甘蓝 200 克。

②制作与用法　榨取甘蓝汁液,对入蜂蜜搅匀。夜晚空腹服下。

③功能　补养自体,调节代谢,利眠安神,轻身解困。

(2)蜂蜜甜瓜汁

①配方　蜂蜜 30 克,甜瓜 200 克。

②制作与用法　榨取甜瓜汁液,对入蜂蜜搅匀。早晚空腹分 2 次服下。

③功能　调节神经功能,利眠、利尿、养肾,强身健体。

(3)蜂蜜西瓜汁

①配方　蜂蜜 40 克,西瓜 350 克。

②制作与用法　榨取西瓜汁液,对入蜂蜜搅匀。早晚空腹分 2 次服下。

③功能　有调节血压及健脑益神作用。

(4)蜂蜜橘子汁

①配方　蜂蜜 50 克,橘子 100 克。

②制作与用法　将橘子洗净,连皮带肉一起榨取汁液,对入蜂蜜搅匀。早晚空腹分 2 次服用。

③功能　理气、轻身、化痰、镇咳,对气管炎有效。

(5)蜂蜜菊花茶

①配方　蜂蜜 500 克,鲜菊花瓣 1 000 克。

②制作与用法　将鲜菊花瓣捣烂,加水煎提半小时,连续两次等量提取,滤除残渣,合并两次提取液,小火浓缩至 500 毫升,待凉至 60℃以下时加入蜂蜜,调匀。每天饭前服用,每次 20 毫升。

③功能　健体,疏风,清热,明目。

（6）蜂蜜生地枣汁

①配方　蜂蜜 500 克,鲜枣 500 克,鲜生地黄 500 克。

②制作与用法　将鲜生地黄和鲜枣分别捣烂去渣榨取其汁,混合,对入蜂蜜调匀。每天饭前服用,每次 20 毫升。

③功能　补中益脾,养肾滋肤,延年益寿。

（7）蜂蜜柠檬茶汁

①配方　蜂蜜 40 克,柠檬 1 只,茶末适量。

②制作与用法　茶水煮浓汁约 500 毫升;柠檬洗净,榨汁,倒入温浓茶水中,搅匀冷却后再加入蜂蜜调匀。每天 1 剂,长期服用。

（8）蜂蜜提神茶

①配方　蜂蜜 25 克,绿茶 1～1.3 克。

②制作与用法　用开水 300～500 毫升浸泡绿茶,待茶水温度降至 60℃以下时对入蜂蜜,温饮。

③功能　提神健身,消除疲劳。

（9）蜜姜汁

①配方　蜂蜜适量,姜汁适量。

②制作与用法　将鲜姜洗净,榨取其汁液,按 1∶1 比例使蜂蜜与姜汁混合。每天服用 3 次,每次 15 毫升。

③功能　对呼吸道感染及伤风、感冒、发热有效。对胃寒、呕吐、呃逆以及咽炎、喉痹等症也有一定作用。

（10）蜂蜜红茶饮

①配方　蜂蜜 50 克,红茶 5 克。

②制作与用法　以红茶冲泡茶水,饮用前对入蜂蜜同饮,每天 1～3 次。

③功能　清喉降火,对流行性感冒和火气上攻均有效。

(11)蜜 蒜 饮

①配方　蜂蜜适量,大蒜适量。

②制作与用法　将大蒜剥皮、洗净、捣碎,加等量蜂蜜混匀。每天 2 次,每次 1 匙,用温开水冲服。

③功能　预防和治疗流行性感冒。

(12)蜂蜜金银花饮

①配方　蜂蜜、金银花各 30 克。

②制作与用法　金银花用 500 毫升水煎,去渣后用蜂蜜调和,当日分几次服完,每天 1 剂。

③功能　有消火清喉作用,适用于急性支气管炎。

(13)蜂蜜茅根菠萝汤

①配方　蜂蜜 50 克,鲜茅根 50 克,菠萝肉 100 克。

②制作与用法　将鲜茅根洗净与菠萝肉一同加水适量文火煎 30 分钟,加蜂蜜同饮,每天 1 剂。

③功能　清喉、化痰,对急、慢性支气管炎均有效。

(14)蜂蜜甘草醋茶

①配方　蜂蜜 30 克,甘草 6 克,醋 10 毫升。

②制作与用法　沸水冲泡,代茶饮。

③功能　治疗慢性支气管炎。

(15)蜂蜜葱汁糖浆

①配方　蜂蜜、葱汁各 50 毫升,饴糖 50 克。

②制作与用法　榨取葱汁,对入蜂蜜和饴糖,放锅内煮开,分 2 次服用,每天 1 剂。

③功能　上呼吸道保健,对慢性支气管炎有效。

(16)蜂蜜红三叶饮

①配方　蜂蜜 30 克,红三叶草花 10 克。

②制作与用法　取三叶草花加入 20 倍的水浸提半天后

榨滤汁液,加入蜂蜜搅匀。分 3 次温热服下,每天 1 剂。

③功能 防治支气管炎、气喘等。

(17)蜂蜜芦荟汁

①配方 蜂蜜 50 克,芦荟汁 20 克。

②制作与用法 取芦荟下部的叶子洗净绞汁,加入蜂蜜搅匀。每天早、晚餐前分 2 次服下。

③功能 适用于支气管炎、哮喘、咽喉炎、鼻炎等。

(18)蜂蜜梨汁

①配方 蜂蜜 30 克,梨 150 克。

②制作与用法 将梨去皮、核,榨取液汁,对入蜂蜜调匀,当日分 3 次服下,也可将梨肉切片浸入蜂蜜中,放笼内蒸熟服用。

③功能 清喉、镇咳,对支气管炎有效。

(19)蜂蜜桑椹饮

①配方 蜂蜜 50 克,桑椹 100 克。

②制作与用法 将鲜熟桑椹去杂洗净,加水 1 000 毫升煮沸,滤去余渣,以滤液调入蜂蜜饮之,每天 1 剂。

③功能 有暖肺润肠、补中理神等作用,可用于止咳、清热、利便、高血压、气血虚亏、失眠健忘等症。

(20)蜂蜜丝瓜花饮

①配方 蜂蜜 30 克,丝瓜花 20 克。

②制作与用法 将丝瓜花洗净放入壶中,加 500 毫升沸水冲泡,加盖浸泡 30 分钟,加入蜂蜜做饮料,分 3 次服完。

③功能 有清热润肺、消痰顺气、止咳定喘等作用。

(21)蜂蜜山楂汤

①配方 蜂蜜 50 克,山楂果、山楂叶各 15 克。

②制作与用法 将山楂果与山楂叶一同水煮,滤渣取汁调入蜂蜜服下,每天早、晚空腹各服 1 剂。

③功能　开胃、镇痛,对厌食胃痛症有效。

(22)蜂蜜芍药饮

①配方　蜂蜜50克,芍药花50克。

②制作与用法　将芍药花以沸水冲泡,调入蜂蜜做茶饮,每天1剂,连服7天为一疗程。

③功能　有养血敛阴、养肝止痛之功效,适用于体弱肝虚、妇女月经不调者。

(23)蜂蜜苋菜汁

①配方　蜂蜜30克,鲜苋菜30~60克。

②制作与用法　将鲜苋菜捣烂绞取其汁,加蜂蜜调服。每天1剂,分2~3次服下。

③功能　适用于小儿扁桃体炎。

(24)蜂蜜丝瓜饮

①配方　蜂蜜40克,生丝瓜300克。

②制作与用法　将丝瓜洗净绞取其汁,加蜂蜜调匀,分2~3次当天服下。

③功能　适用于百日咳患儿。

(25)蜂蜜甘蔗汁

①配方　蜂蜜50克,甘蔗汁100克。

②制作与用法　榨取甘蔗汁,加蜂蜜调匀,当天早、晚分2次饮下。

③功能　适用于小儿积热便秘、大便干燥、舌燥、腹胀痛、小便发黄等症。

(26)蜂蜜杨梅饮

①配方　蜂蜜200克,鲜杨梅500克。

②制作与用法　将鲜杨梅洗净加3倍水煮沸,加蜂蜜后再煮沸,每日多做茶饮,连服数日。

③功能　适用于小儿夏热、口渴、食欲不振等症。

(27)蜂蜜苦瓜饮

①配方　蜂蜜60克,生苦瓜1个。

②制作与用法　将生苦瓜去瓤切片加水煎煮,二开后滤渣取汁,加入蜂蜜做茶饮,每天1剂。

③功能　适用于慢性化脓性中耳炎。

(28)蜂蜜甜菜汁

①配方　蜂蜜20克,甜菜汁20克。

②制作与用法　选红色甜菜洗净,榨取液汁,在汁中加入等量蜂蜜,调匀,再加入适量蒸馏水,制成30%的水溶液,用以滴鼻,每天2次,每次4～5滴。

③功能　适用于鼻炎患者。

(29)蜂蜜薄荷饮

①配方　蜂蜜30克,薄荷15克,甘草3克,绿茶1克。

②制作与用法　将薄荷、甘草、绿茶用1 000毫升沸水沏泡10分钟,对蜂蜜饮用,每天1剂。

③功能　有消炎、辛凉、散热、利咽、辟秽等功效,适用于扁桃体炎、口臭、咽干、中暑等症患者。

(30)蜂蜜三花饮

①配方　蜂蜜20克,菊花12克,合欢花9克,金银花15克。

②制作与用法　将以上四味一同用沸水冲服,每天1剂。

③功能　适用于咽痛及声哑患者。

(31)蜂蜜鲜葫芦汁饮

①配方　蜂蜜、鲜葫芦汁等量。

②制作与用法　榨取鲜葫芦汁液,与蜂蜜混合调匀,每天早、晚口服1次,每次50毫升。

③功能　利尿排石,适用于尿道结石等症患者。

（二）蜂蜜饮料的加工技术和配方

蜂蜜丰富的营养成分、香甜可口的味道，是制作饮料最好的原材料。曾风靡世界的健力宝运动饮料，就是一种含有蜂蜜的饮料，由于其具有迅速消除疲劳的功效，深受运动员的喜爱，在国际上有"中国魔水"之称。

蜂蜜酒，是人类最早的酒精饮料之一。在印度，几千年以前就有这种饮料。在我国，也已成功地酿制出蜂蜜甜酒、蜂蜜啤酒等。

用蜂蜜为主要原料酿制保健醋，不仅具有很好的营养价值，同时也为蜂蜜的深加工提供了一条新途径。经常饮用蜂蜜保健醋不仅能调节体内酸碱平衡、改善消化功能，防便秘，减肥，还可提高肝脏的解毒功能，改善新陈代谢，降低血压。醋酸消化油脂可减肥，延缓衰老，维持体内酸碱平衡，防结石和便秘，助睡眠。

经过酒精发酵，醋酸发酵后蜂蜜中的主要营养成分（氨基酸、维生素、微量元素）的含量不仅没有减少，反而有所增加，主要因为在发酵过程中酵母菌、醋酸菌自溶引起的。

经过发酵后的蜂蜜醋色泽为淡亮黄色、澄清、透明，具有柔和的蜜香，口味稍有甜味，醋味突出，风格独特。

1. 蜂蜜醋酸饮料的加工技术 以蜂蜜为原料，先经酵母菌发酵产生一定量的酒精，再经醋酸菌发酵，使酒精转化为醋酸而酿制出原浆，然后加水配制而成的饮料称为醋酸饮料，又称蜜醋饮料。醋酸饮料既含有蜂蜜的糖分、维生素、氨基酸和微量元素，还含有蜂蜜所没有的多种营养成分，而且糖度较低，不仅一般人可以饮用，糖尿病和肥胖症患者也可饮用，是一种高营养的软饮料。

蜂蜜醋酸饮料不仅具有蜂蜜的润肠、润肺、防腐、解毒、滋润脾肾等功效,对胃肠燥结、大便不通、心腹痛、营养不良等症有一定的疗效,而且还具有食醋防止和解除疲劳、降低血压、防止动脉硬化,以及一定的杀菌及美容作用。同时,蜂蜜经过酒精、醋酸发酵后,其主要营养成分——氨基酸、维生素、微量元素等的含量都有所增加,而含糖量明显降低。因此,蜂蜜醋酸饮料不仅具有很好的营养价值,还扩大了它的适用人群。

(1)蜂蜜醋酸饮料生产工艺流程　见图 2-6。

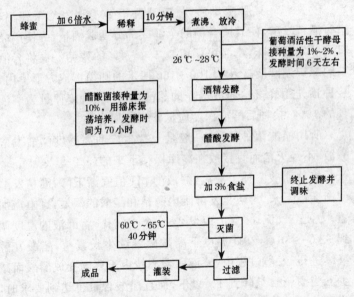

图 2-6　蜂蜜醋酸饮料生产工艺流程图

(2)蜂蜜醋酸饮料生产操作要点

①原料的选择　各种蜂蜜都可作为原料使用,但因蜂蜜的品种不同,饮料的风味差别较大,可根据需要选择一种或几种蜂蜜混合发酵制备原浆,生产出风味独特的醋酸饮料产品。

②蜂蜜的稀释　往蜂蜜中加入适当比例的水,调制成一定浓度的蜂蜜醪液。加水量视所制产品的含量和醋酸浓度而定,一般可加5～6倍的水。

③灭菌　调制成的蜂蜜醪液,于60℃～65℃下加热10～15分钟进行灭菌,然后快速冷却,再接种适量的葡萄酒酵母泥(葡萄酒酵母先用酵母培养罐以通风法进行纯培养,所得酵母液经离心机分离,即成酵母泥),进行酒精发酵。也可用酿酒酵母或烧酒酵母,但用葡萄酒酵母的风味较好。

④发酵　接种酵母后,将醪液置于26℃～28℃下保温,进行酒精发酵,使其所含糖的全部或部分变成酒精。为使产品具有一定的风味,产品可保留0.5%～4%的残糖。再将含酒精的蜂蜜发酵液打入深100～150厘米的圆筒形或方形槽内,接种预先用蜂蜜培养液培养的醋酸菌种子液,接种量为醪液量的10%,接种后醪液深度应低于120厘米。

所用醋酸菌种子液,一般是上次生产的高酸度醋酸发酵醪液,不经灭菌而直接放在冷库保存下来的。

接种醋酸菌种子液后,醪液的pH值逐渐下降,酒精发酵便渐渐停下来。为防止发酵罐内酒精和醋酸的蒸发,罐上需加盖;为使空气流通,盖上应设2～3个小气孔。将醪液的温度调到32℃～36℃,在此温度下醋酸菌继续生长繁殖,醋酸发酵继续进行。发酵过程中,醪液所含酒精由于逐渐变成醋酸而减少。当酒精含量降到1%以下,而且醋酸含量也达到要求时,将醪液温度升高到60℃～65℃,然后快速冷却令其停止发酵。醋酸含量以达到1%～1.2%为宜。这种醪液经过滤后,须在罐内密封一定时间,以使香味更加浓厚丰溢。然后加水调配,灌装到瓶内,即为醋酸饮料成品。

2. 乌梅苹果蜂蜜醋酸饮料的加工技术和配方　乌梅是

蔷薇科落叶乔木植物的未成熟果实(青梅)的干制品,含有柠檬酸、苹果酸、琥珀酸、β-谷甾醇及多种无机盐。其味酸、性平,有生津、去痰、敛肺、涩肠、消炎、止泻、杀菌、解毒之功效。此外,乌梅还可有效地消除人体因剧烈运动而引起的肌细胞内堆积的酸性代谢产物,促进体力恢复,消除疲劳。

苹果素有"果中西施"之美称,含蛋白质、糖、维生素及丰富的无机盐。用苹果和李子酿成的饮料醋,日本叫"美人醋",不仅能保健,还能美容,成为女性追求的美容食品。

蜂蜜含有 75% 的葡萄糖和果糖,并含蛋白质、有机酸、10种维生素、11 种无机盐、脂类及芳香物质,集百花之精华,具有营养心肌、保护肝脏、滋润肠胃、降低血压、防止血管硬化及美容等作用,是药食兼用的滋补食品。

(1)工艺流程

①苹果护色取汁　苹果→挑选→清洗→去皮→切片→护色打浆→过滤→苹果汁→冷藏备用

苹果打浆时加水量 1：1。苹果含少量多酚物质和多酚氧化酶,破碎后与空气中氧接触易于褐变,如不护色,果汁色泽变暗,破碎时选用维生素 C 与柠檬酸混合液做护色剂,效果较好。

②乌梅汁提取　乌梅→挑选→清洗→预煮→加热浸提→过滤→乌梅汁→冷藏备用

③饮料配制

· 47 ·

(2)主要操作步骤

①苹果护色取汁　用0.05％维生素C与0.05％柠檬酸混合液做护色剂效果较好,苹果汁色浅黄、风味纯正。

②乌梅汁提取　乌梅汁萃取最适工艺条件为:加水比为1:25,温度80℃,提取时间为12小时。

③饮料配制　最佳配料组合,即苹果汁25毫升,乌梅汁17毫升,米醋0.8毫升,蜂蜜1克。

(3)产品外观

①色　浅棕色、透明清澈、无沉淀、无悬浮物。

②香　既有米醋香气,又有苹果果香和蜂蜜花香,香气柔和。

③味　酸甜爽口、味美醇正、余味深长。

3. 蜂蜜枣醋的加工技术和配方

(1)工艺流程

蜂蜜──→稀释──→煮沸杀菌──→冷却

枣──→清洗浸泡──→软化打浆──→加酶保温

大米──→浸泡磨浆──→调浆湿化──→糖化

混合──→酒精发酵──→醋酸发酵──→配对──→加热灭菌──→

澄清──→灌装封口──→成品入库

(2)操作步骤

①预处理　蜂蜜按比例用洁净水稀释后加热煮沸30分钟,冷却至30℃左右。枣经除去霉烂变质及虫蛀的枣后,洗去表面泥沙及杂质,再用清水泡胀,泡后置于夹层锅中加水加热煮软后,用打浆机打浆,打浆后的枣浆加入果胶酶保温分解果胶。大米用清水泡透后,水磨磨浆,细度达80目。大米磨浆后加水调和,同时加入 α-淀粉酶等搅拌均匀,加热至85℃~90℃,保持15分钟,再升温至100℃煮沸20分钟,降温至

65℃加入麸曲糖化3～4小时。

②混合 将经过处理的蜂蜜、枣浆和大米糖化液在乙醇发酵罐内混合均匀,同时用洁净水调整糖度至7.8～8波美度,温度调至30℃左右。

③酒精发酵 在上述混合液中接入酒母,保温30℃左右,发酵3～4天,使乙醇含量达7%左右,残糖在0.5%以下即可。

④醋酸发酵 按比例将酒曲、麸皮、稻糠与醋酸菌种子拌匀入池,转入醋酸发酵,保持室温25℃～30℃。入池第二天,升温至37℃～39℃时,坚持每天倒池,使品温不超过40℃。经过15天左右,醋醅温度降至32℃～35℃,醋醅中醋酸含量达7%左右,醋醅成熟。

⑤淋醋 采用3次套淋法。将成熟醋醅移入淋池内,摊平,使醋醅厚薄均匀一致,先用二淋醋浸泡10～15小时,放出的为头醋。二淋醋浸泡4～5小时,三淋醋浸泡2～3小时,放出二淋醋及三淋醋供下次淋醋用。

⑥配对、灭菌及澄清 将头醋按食醋等级用二淋醋配对,然后加热至85℃灭菌15分钟,灭菌后即泵入沉淀罐内澄清5天左右。

⑦罐装封口 灭菌澄清后的蜂蜜枣醋装瓶封口即为成品。

(3)产品质量标准

①感官指标

色泽:呈棕红色或琥珀色。

香气:具有蜂蜜枣醋特有的枣香、醋香、酯香。

滋味:酸味柔和适口,稍有枣味,甜香,醇香不涩,无异味。

体态:澄清,无悬浮物、沉淀物。

②理化指标 总酸(以醋酸计)≥3.5克/100毫升,不挥

发酸(以乳酸计)≥0.7克/100毫升,还原糖(以葡萄糖计)≥1.0克/100毫升。

③卫生指标　符合GB2719—81食醋卫生标准。

蜂蜜枣醋集合了蜂蜜、枣、食醋的综合作用,既可补脾胃、安心神、养血护肝、滋肾强身、润肺止咳,还可助消化、增食欲、消除疲劳、预防感冒、促进人体钙的吸收和防止动脉硬化、降低血压、滋润皮肤等,是很好的调味品和饮品。

4. 刺梨果蜂蜜汁的加工技术和配方　刺梨果实肉质肥厚,具有浓郁独特的芳香。每100克鲜果含维生素C 2 000毫克以上,有"维生素C大王"之称。刺梨汁具有显著的防肿瘤作用,有着极广泛的利用价值。

(1)工艺流程　见图2-7。

(2)操作步骤

①原料分选　收购的原料中常常混有病虫害果、腐烂果及未成熟果实,它们会给产品带来腐败味,也是微生物污染的根源,病虫害果及未成熟果实是产生涩味的原因,有时会使果汁色泽恶化。因此,在取汁前必须将其清除。

②洗净消毒　为了洗去附在原料果实表面的泥土、微生物等,在水中浸泡1次后,再用0.1%高锰酸钾溶液浸泡消毒5分钟,最后再用无菌水洗净。

③预热处理　果实压榨前,须进行加热处理。由于加热使细胞原生质中的蛋白质凝固,改变了细胞的渗透性,同时使果肉软化,果胶质水解,降低了汁液的粘度,从而提高了出汁率,并能抑制酶的活性。处理条件为60℃~70℃,保持15~30分钟。

④破碎压榨　经加热处理后,应立即进行果汁压榨。压榨前添加5%的助滤剂搅匀,榨出的汁液再添加0.5%果胶酶,

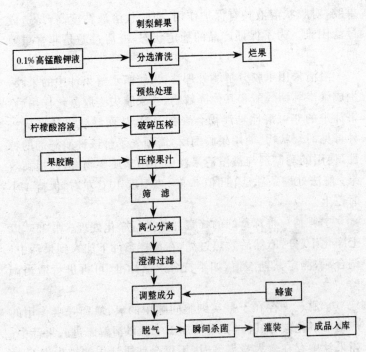

图 2-7 刺梨果蜂蜜汁加工工艺流程图

使果胶充分水解,把它的含量减少到 0.1% 以下,果汁的粘度和浊度大大降低,加速了原果汁的澄清,缩短了果汁与空气的接触时间,对保护果汁中的有效物质有很大好处。与此同时,加入抗氧化剂柠檬酸溶液。

⑤筛滤 榨出的果汁应立即通过筛滤,筛滤使用不锈钢回转筛,滤网以 60～100 目为宜。

⑥澄清、过滤 通过澄清和过滤,不仅要除去汁液中的全部悬浮物,而且还需除去容易产生沉淀的胶粒物质。悬浮物包括果渣、果皮等,主要成分为纤维素、半纤维素和酶,果汁中的

果胶,对胶状溶液具有保护作用,而胶状溶液粘度高,易造成过滤困难。为了保证产品的稳定状态,澄清过滤是非常重要的。

澄清采用果胶分解酶处理法,果胶酶水解果汁中的果胶,生成聚半乳糖醛酸和其他降解物。当果胶失去胶凝化作用后,果汁中的非可溶性悬浮物会聚在一起,从而导致果汁形成一种可见的絮状物。使用果胶酶时,需预先了解该种酶制剂的特性,使用的酶制剂与被澄清果汁中作用基质要吻合,以提高效果。酶法处理条件是 pH 值 3.5~4,温度 40℃左右,保持 4 小时以上。

⑦调整　将称量好的蜂蜜加水进行净化处理。在 95℃ 以上净化 10 分钟,然后趁热过滤,在搅拌条件下加入到果汁中,调合后,测定其糖酸值,如不符合产品标准,可再进行适当调整。

⑧脱气　存在于果实细胞间隙中的氧、氮和呼吸作用的产物二氧化碳等气体,在果汁加工中能以溶解态进入果汁中。当果汁中存在着大量氧气时,不仅会使果汁中的维生素 C 受到破坏,而且它与果汁中的各种成分发生反应而使香气和色泽恶化,严重影响产品质量。

脱气是将果汁用泵抽到脱气罐内进行。其要点是控制适当的真空度和果汁的温度。为了充分脱气,果汁温度应当比真空罐内绝对压力所对应的饱和温度高 2℃~3℃,脱气罐内的真空度为 90.66~93.32 千帕;被处理果汁的表面积要大,罐内的汁液分散成薄膜或雾状;要有充分的脱气时间。

⑨杀菌　将果汁加热到 95℃,保持 30 秒钟。

⑩灌装　杀菌后的果汁立即进行热灌装。瓶经预先挑选、浸泡、刷洗、消毒、验瓶后,送入灌装机中,于 85℃以上灌瓶。

灌装和压盖都必须尽快进行,压盖后立即将瓶倒转,使上部空间及盖内面与熟果汁接触,以便杀菌,待品温降至40℃左右,检验容量、外观、有无异物以后,贴标签,包装入库。

5. 蜂蜜发酵饮料

(1)工艺流程

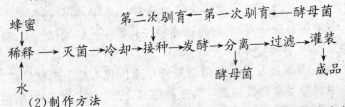

(2)制作方法

①原料处理　作为蜂蜜发酵饮料的原料用各种蜂蜜均可。将蜂蜜原料用水进行稀释,使其糖度为40～50波美度,再加热至90℃,保温5分钟以灭菌。

②冷却　灭菌之后冷却至酵母的生长温度,如葡萄酒酵母为37℃,啤酒酵母为32℃。

③接种发酵　接种是制造发酵饮料的关键。一般常用的酵母,如啤酒酵母、葡萄酒酵母的耐糖性较差,用于蜂蜜发酵时,必须对其进行耐糖性驯育,使其能在高浓度糖液中生长和发酵。

驯育通常使用的培养基为果汁蜂蜜培养基。添加果汁的目的是使发酵风味大大提高。果汁可采用苹果汁、橘子汁、柠檬汁、葡萄汁、番茄汁等,果汁用量为每克糖液中加入0.1～0.2克,糖液是用蜂蜜或砂糖调成30～40波美度的液体,然后与果汁搅拌均匀,经杀菌冷却后,以3%～10%的接种量接入酵母菌,在30℃的温度下,搅拌培养1～2天,此谓第一代驯育,由此得到的培养液再接到同样的培养基中进行第二次驯育,一般经两次以上即可得到耐糖性高的酵母。这样驯育好的酵母即可接种于蜂蜜糖浆中,接种量一般为 5% 左右。接种后的蜂蜜糖浆控制在接种酵母最合适的生长温度进行发酵,在搅拌条件下发酵 24 小时即可。

④分离,过滤　发酵结束后,用离心法分离出酵母菌,即制成蜂蜜发酵饮料。为提高澄清度,可再进行 1 次过滤处理。

⑤产品特点　不但除去了原蜂蜜的异味,而且还获得了发酵的特有香味,所含的微量酒精使其香味更加浓郁怡人。酒精含量为 0.6%～0.9%。

6. 蜂蜜速溶茶　速溶茶是近年来世界市场上的畅销品。采用蜂蜜与市售低档茶叶为主要原料,经过一定的工艺,精制成具有薄荷香气的甜味速溶茶。本产品集茶叶的保健性、刺激性与速溶性饮料的方便性、快速性为一体,是当代理想的保健饮料。

(1)产品配方　茶叶 50 克,蜂蜜 10 克,蔗糖 200 克,薄荷油 0.25 克。

(2)工艺流程　见图 2-8。

(3)操作要点

①茶叶处理　茶叶需粉碎,过 10～20 目筛,提取用去离子水,量为茶叶重的 9～13 倍。

②4%β-CD 溶液的配制　将 β-CD 溶液(羟丙基-β-环糊精溶液)按比例加入水中,加热至 45℃～50℃ 即可。

③浓缩　使用减压浓缩,温度为 50℃～55℃。

④薄荷粉的制备　用 β-CD 溶液为囊材将薄荷油包埋,形成香气浓郁的粉状薄荷香精。

⑤蔗糖粉　市售白砂糖,粉碎过 80～100 目筛形成蔗糖粉。

⑥成品粒度　根据需要选用 20～40 目筛,制成不同粒度。

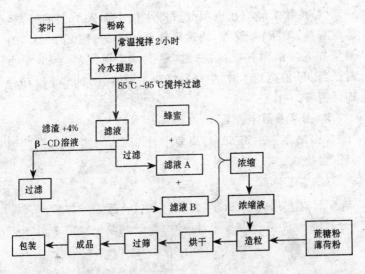

图 2-8　蜂蜜速溶茶生产工艺流程图

7. 蜂蜜酸奶

(1)原料准备　鲜牛奶、脱脂奶粉、荞麦蜜、琼脂、明胶、果胶、食用香精、链球菌、乳酸菌。

(2)原料预处理　蜂蜜应选择香味浓郁的新鲜蜂蜜,不得含有抗生素。鲜牛奶需调整含脂量,在新鲜牛奶中加入脱脂奶粉,使其含脂率调整为 2%～4%。将调脂后的牛奶加热至 71℃保持 15 分钟,或在 90℃～95℃保持 3～5 分钟,进行灭菌。

(3)菌种的扩繁培养　先将冷冻干燥的菌种(链球菌和乳酸菌各 2 份,或链球菌 2 份,乳酸菌 1 份混合)用少量无菌水稀释,在室温下使之复活,接入 10 毫升脱脂牛奶中,密封,在 35℃～40℃下培养 3～4 小时,待凝固后接入 50 毫升的奶蜜溶液中培养,然后再接入 250 毫升奶蜜溶液中培养,每次扩大 5 倍,依此类推,直至达到需要量为止。

（4）接种发酵　在灭菌处理的牛奶中加入 10％的蜂蜜，适量香精、琼脂、果胶等，快速冷却至 40℃时，按 2％～3％的菌量加入发酵菌种，然后密封，置于 43℃下发酵 5～8 个小时。当 pH 值达到 4 时，牛奶凝结成半固体，在 10℃下冷却后即可销售。

8. 蜂蜜胡萝卜汁奶

（1）配方　牛奶 60％，胡萝卜汁 25％，蜂蜜 9％，白砂糖 6％，食盐 0.05％，稳定剂 0.05％。

（2）工艺流程

胡萝卜挑选→清洗→去根、去皮→切片→预煮→打浆→浸提→过滤→灭菌→胡萝卜汁→调配→均质→ UHT 杀菌—

（143℃，3秒钟）

[原料奶验收→预杀菌

（78℃，15秒钟）→冷却]

蜂蜜、白砂糖、稳定剂溶解

—二次均质 (75℃) →冷却→无菌纸包装→检验→成品

（3）操作方法　首先挑选胡萝卜，去根、去皮，进行清洗后，将胡萝卜切成 2 厘米左右，加水 1 倍，在 100℃沸水中煮 5 分钟。然后将预煮后的胡萝卜连同汤汁倒出并打浆，浆体中加入 0.02％的果胶酶，在 45℃～55℃下浸提 2 小时，不断搅拌。将浸提得到的胡萝卜汁通过离心机 3 000～4 000 转 /分除去残渣，汁液 85℃瞬时灭菌后，加入 0.35％食盐，可使胡萝卜风味更为突出(pH 值为 5.9)。这时将蔗糖、蜂蜜、海藻酸钠、水按比例溶解均匀，按配方加入胡萝卜汁、牛奶混合，并搅拌均匀。然后进行二次均质，其压力为 18～20 兆帕，第一次通过高压均质机均质。第二次在杀菌后冷却至 75℃通过均质阀均质。再依次杀菌、冷却、无菌纸包装、检验、入库。

本品具有促进儿童骨骼及牙齿的生长发育,防治呼吸道感染,养目怡神,调节新陈代谢,增强抵抗力等作用,它是一种老幼皆宜,美味可口的饮品。

(三)蜂蜜酒类的加工技术

现代医学临床证实,服用蜂蜜可促进消化吸收,增进食欲,镇静安眠,提高机体免疫力,抗癌、抗衰。特别是对虚弱无力、神经衰弱、病后恢复期、老年体虚、营养不良等辅助疗效更佳。临床服用蜂蜜有如传统饮酒功用,能促进人体胃肠分泌,帮助消化吸收,增强血液循环,促进组织代谢,增加细胞活动等。中医认为酒有调和气血、贯通脉络之功,又有振阳除寒、祛湿散风之效,故赞酒为"百药之长"。两者配合而成蜂蜜酒剂可以增疗效,再加入有关中药制成多种疗病蜂蜜酒剂。

1. 蜂蜜果酒 当前酒类的种类和品种繁多,其中果酒已广受人们的喜爱,之所以如此,是因为果酒甜香可口,乙醇含量低,而且有一定营养价值。

然而由于几乎所有果酒的制法都是用机械方法把水果加以粉碎,然后加糖或葡萄糖,最后进行发酵而成的。在粉碎过程中,对人体有益的多种成分就无法存留,而白白浪费掉。这里介绍一种具有良好疗效和滋补作用的蜂蜜果酒的制法。

(1)制作工艺 用梅、山葡萄等水果做原料,并且添加蜂蜜和果胶酶。在制作过程中既不进行粉碎,也不加糖。梅、山葡萄等水果与蜂蜜的比例为 1 : 1～3,添加的果胶酶用量为 0.05%～0.1%。由于果胶酶的作用,水果被软化,经过 14～21 天,水果中对人体有益的成分几乎都溶于蜂蜜中。在果胶酶的作用下,果核和果皮均与果肉分离。然后把所得的蜂蜜溶解液加水稀释,使之成为糖浓度为 25%～40% 的溶液。然后加入预先用 20%～40%糖浓度的蜂蜜进行培养的酒酵母进行发酵。由于开始发酵时浓度低,乙醇含量仅为 4%～12%,完成发酵阶段后,经过除渣等过程就获得含糖量为 25%以内的香甜型蜂蜜果酒健康饮料。

(2)产品特点 用此法制成的蜂蜜果酒,其优点是:由于果胶酶能把水果中具有保健作用的成分完全溶于蜂蜜中,蜂蜜中又含有一定的维生素和无机盐,而用果酒酵母进行发酵产生的乙醇有助于提高人体对有效成分和滋补成分的吸收,因而可以把这种饮料当做有益的乙醇饮料、美容饮料和午餐饮料。

2. 蜂蜜酒 是蜂蜜稀释后经发酵酿制而成的低度乙醇饮料。多数蜂蜜酒味甜,有芳香。传统的蜂蜜酒中有掺入草药的做法。

(1)酿造原理 蜂蜜中含有大量的葡萄糖和果糖,通过酵母菌分泌酒化酶的作用,发酵分解,产生乙醇,酿造成蜜酒。为了保证酵母菌的生长繁殖和产生乙醇,需要加入一定的营养物质和调节蜜液至适当的酸度,以促进发酵。

(2)酿造方法

①蜂蜜水溶液的调节 先把蜂蜜加水调节至比重为 1.088～1.100,含糖 21%～24%,总酸度调至 4～4.5,相当于 pH 值 3.3～3.5。酸度不足,加适量的柠檬酸,酸度过高,可用碳酸钙中和。

②加营养盐 蜂蜜中对酵母菌生长繁殖所需的碳源十分充足,但氮源不足,磷、钾元素也少。为促进酵母的繁殖,可在蜜汁中加适量铵盐和磷酸盐,以补充氮、磷等;添加少量维生素,更有利于酵母的繁殖。每 4 千克蜜汁添加柠檬酸 18.9 克,硫酸铵 4.65 克,磷酸钾 1.9 克,氯化镁 0.7 克,硫酸氢钠 0.2

克,维生素 B₁ 20 毫克,泛酸钙 10 毫克,肌醇 7.5 毫克,吡哆醇 1 毫克,生物素 0.05 毫克。后 5 种维生素可用 200 毫升新鲜绿茶水代替。

③灭菌　蜂蜜水溶液中含有害微生物甚多,为了发酵安全起见,应在蜜液中加入等于蜜液重量的 300 毫克/千克的重亚硫酸钠,搅拌均匀,静置 12～24 小时,以杀灭杂菌。也可将调好的蜜液加热至 80℃,保持 20 分钟,以杀灭细菌。

④装坛　将已灭菌的蜜液放入预先洗净并经二氧化硫熏过的清洁酒坛中,装坛时应预留顶隙 16 厘米左右,以免发酵时蜜液溢出。

⑤接种　把预先培养好的葡萄酒酵母培养液加入酒坛中,培养液用量为蜜液容量的 5%～10%,搅拌均匀,坛口以 4 层油纸密封加盖,防止果蝇及灰尘、杂物落入和乙醇挥发。

⑥发酵　将酒坛移至阴凉场所,保持室温 20℃左右。若发酵酒液温度超过 28℃,则在酒坛外喷洒洒冷水,或采取其他降温措施,使酒液温度降至 28℃以下,防止芳香物质的损失。

⑦除渣　发酵完毕,将上部澄清液用虹吸管吸出,过滤下部混浊液,除去酵母菌残体及其他杂质。

⑧灭菌和陈酿　取少量酒液用标准氢氧化钠溶液测定其总酸量,酒液总酸量以 0.4% 为宜。如酒液酸度过高,可用碳酸钙中和调节,然后密闭加热到 88℃,1 分钟后,杀灭酒液中的酵母菌及其他杂菌,最后倒入已灭菌的酒坛中,用油纸密封,涂以黄泥,置阴凉场所陈酿,经过 3～6 个月以上即可取用。

有些国家酿制一种蜂蜜苹果酒,是用纯洁的经巴氏灭菌的苹果汁和稀释过的蜂蜜混合酿制而成,生产过程只需加最少限量的添加物,这是因为苹果汁中糖类含量虽较少,但有丰富的维生素、无机盐和酸类物质,足以滋养酵母菌的生长发育。蜂蜜苹果酒的配方是苹果汁 1 份,水 8 份,蜂蜜 3 份。

3. 蜂蜜桂花酒

(1)工艺流程

(2)配制方法　将蜂蜜用清水稀释至 20% 左右,混匀后接入酒曲,发酵温度控制在 25℃左右,发酵期为 10～12 天。待无气泡冒出时,开缸测试,残糖在 1% 以下时,结束发酵,倒缸除去酒脚,加入桂花浸泡 7～10 天后,分离出桂花残渣,酒液用食用乙醇调整至 18°,用硅藻土过滤机过滤,然后酒液中加入适量焦糖色素,便可检验包装。

(3)质量指标

①色泽　清亮,微黄色。

②口味　醇香适口,纯正。

③酒度　18°。

④酸度　0.35,糖 1% 以下。

4. 香菇蜂蜜酒

(1)工艺流程

斜面酵母 → 三级扩大培养 → 酒母

营养盐 → 调整 → 发酵 → 配制 → 灌装 → 送检 → 成品

蜂蜜煮沸

香菇 → 粉碎 → 固化

（2）操作步骤

①酒母培养　取酵母分别接种于麦芽汁培养基中，三级扩大培养，使酒母体积分别达蜂蜜汁体积的1/30。

②蜂蜜调整　将煮沸去泡沫的蜂蜜加水稀释，用蜂蜜和柠檬酸等调整蜜汁的糖度为15波美度，酸度0.5。

③香菇粉碎，固化　加适量的水将香菇粉碎成浆，加热到80℃，10分钟后香菇浆的体积为蜜汁体积的1/5。

④发酵　将蜜汁和香菇浆混合装入发酵容器，使其体积达容器体积的4/5。待发酵液的温度降至26℃时，接种培养酒母，24小时内发酵开始，控制发酵温度保持在20℃～24℃，约1周后，主发酵结束，进入后酵。将品温降至20℃以下，3周后发酵基本结束，将其过滤、转缸、密封、陈酿2个月以上。

⑤配制　按设计的糖度、酒度、酸度，在陈酿的原酒中加入50%的混合糖浆、柠檬酸、酒石酸、脱臭酒精等，使酒体的色、香、味达到设计要求。

⑥滤装　将配制合格的香菇蜂蜜酒澄清、过滤、装瓶。

5. 蜂蜜啤酒　选用蜂蜜为辅料，采用啤酒酿造的传统工艺酿制啤酒，能提高发酵度，改善啤酒非生物稳定性，其色浅、泡好，有明显的蜜香和酒花香味；口味纯正，酸甜柔和。蜂蜜啤酒中的氨基酸近20种，含量明显高于一般啤酒，增加了蜂蜜的营养价值和风味，是一种对人体具有一定保健作用的营养饮料。工艺流程见图2-9。

6. 枸杞蜂蜜酒　蜂蜜100克，枸杞120克，地骨皮20克，60°白酒1 000毫升。将蜂蜜与白酒混合，取枸杞和地骨皮泡于酒内20天后，取酒饮服，每天15毫升。具有补肾健肝之功效。

7. 金橘蜜酒　蜂蜜150克，金橘800克，60°白酒2 000

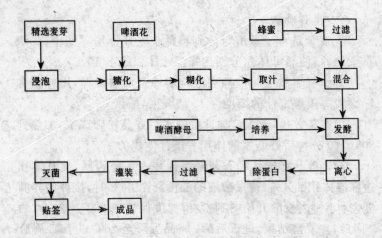

图 2-9　蜂蜜啤酒生产工艺流程图

毫升。将蜂蜜与白酒混合后，取金橘去皮分瓣浸泡入酒内，30天后，取酒饮服，每天 15～20 毫升，具有促进肠胃蠕动、止咳、祛痰功效。

8. 竹黄蜜酒　蜂蜜 150 克，竹黄 800 克，60°白酒 1 800毫升。将蜂蜜与竹黄浸泡入酒内，7 天后取酒饮服，每次 30～40毫升，每天 2 次。具有止喘功效。适用于慢性支气管炎，服后数日可止喘。

9. 蜂蜜酿酒　蜂蜜 500 克，红曲 50 克(研末)，井水 1 000毫升。蜂蜜加红曲与井水混匀装入瓶内，用牛皮纸封瓶口，经过 45 天发酵后成酒。过滤饮用，每次适量，每天数次，具有增强血液循环、润肺补中、滑肠通便等功效。适治肠燥便滞、肺虚久咳、慢性支气管炎、神经衰弱、失眠等症。常饮可使皮肤红润，永葆青春，增强免疫力。

10. 蜂王浆蜜酒 蜂蜜 500 克,蜂王浆 50 克,白酒 250 毫升。将蜂蜜与蜂王浆加入白酒混匀,再加凉开水 1 000 毫升,装入瓶内摇晃均匀保存饮用,每天 1 次,每次 50 毫升。具有益肝健脾、滋补强壮功效。适治风湿性关节炎、心脏病、糖尿病、神经衰弱、老年人体虚、精力不足,可做老年人保健饮料。

(四)蜂蜜用于医疗方面的配方

1. 蜂蜜杏仁膏

(1)配方 蜂蜜 120 克,杏仁 30 克,甘草 10 克。

(2)制作与用法 杏仁加水 200 毫升,煎取浓汁,加入蜂蜜、甘草,同放砂锅内慢火煎成膏状。每天 2 次,每次 10 毫升,饭后服用。

(3)功能 清喉、镇咳,适用于慢性支气管炎。

2. 蜂蜜酸石榴膏

(1)配方 蜂蜜 300 克,酸石榴 500 克。

(2)制作与用法 将石榴洗净去蒂切碎,放入锅内,加水没过石榴,文火炖,煎成膏状,加蜂蜜搅匀。每天服 3～5 次,每次 20 毫升。

(3)功能 适用于慢性支气管炎。

3. 蜂蜜柿饼百合膏

(1)配方 蜂蜜 30 克,柿饼 3 个,百合 10 克。

(2)制作与用法 将柿饼、百合煮烂,加蜂蜜服用。每天 1 剂,连服 7 天。

(3)功能 适用于支气管炎。

4. 蜂蜜冬瓜子膏

(1)配方 蜂蜜 50 克,冬瓜子 150 克。

(2)制作与用法 冬瓜子加水适量以文火煎取浓汁,浓缩成膏状,对入蜂蜜调匀。每天服 2 次,15 天为一疗程。

(3)功能　适于气管炎、百日咳等症。

5. 蜂蜜贝母饮

(1)配方　蜂蜜 30 克,贝母 12 克。

(2)制作与用法　将贝母加蜂蜜放适量水在砂锅中文火炖熟。清晨温服,连服 15～20 天。

(3)功能　有利于防治呼吸道感染和哮喘等症。

6. 蜂蜜羊胆汁

(1)配方　蜂蜜 250 克,鲜羊胆汁 20 克。

(2)制作与用法　将蜂蜜与羊胆汁调匀。置蒸笼内蒸 30 分钟。每天早、晚各服 20 毫升。

(3)功能　对呼吸系统保健和哮喘病患者有效。

7. 蜂蜜荞麦散

(1)配方　蜂蜜 60 克,茶叶 10 克,荞麦粉 110 克。

(2)制作与用法　将茶叶烘干研成细末,和入荞麦面中,每次取 20 克,调蜜冲服;每天饭前各 1 次,连服 15 天。

(3)功能　对乏力、咳喘有效,可用于哮喘症的治疗。

8. 蜂蜜猪胆汁

(1)配方　蜂蜜 20 克,猪胆 1 个(或鸡胆 2 个)。

(2)制作与用法　将胆汁调入蜂蜜,清晨 1 次服下。

(3)功能　解毒、消炎、止咳、祛痰,适用于慢性支气管炎、内热咳嗽、肝炎等症的防治。

9. 蜂蜜木瓜散

(1)配方　蜂蜜 20 克,木瓜粉 10 克。

(2)制作与用法　将蜂蜜调入木瓜粉中,用温水冲服,每天早、晚空腹各服 1 剂。

(3)功能　适用于由胃、肠疾病引起的黑便的治疗。

10. 蜂蜜芝麻膏

(1)配方　蜂蜜 180 克,黑芝麻 30 克。

(2)制作与用法　将黑芝麻烘干研细成末,加入蜂蜜调匀,蒸熟。每天空腹早、晚分 2 次服下。

(3)功能　对便秘有较好治疗作用。

11. 蜂蜜大黄丸

(1)配方　蜂蜜适量,干姜、大黄、巴豆各 1 克。

(2)制作与用法　将大黄、干姜、巴豆共研成末,用蜂蜜炼成药丸,每丸如梧桐籽大小,每次服 3 粒。

(3)功能　导下通便,对食积寒滞腹胀患者有效,体虚者慎用。

12. 蜂蜜猴菇

(1)配方　蜂蜜 30 克,猴头菇 20 克。

(2)制作与用法　将猴头菇烘干,研制成末,对入蜂蜜调匀,用温开水送服,早、晚各服 1 次,连服 15 天为一疗程。

(3)功能　养胃、祛患,对胃炎及胃溃疡可起预防和治疗作用。

13. 蜂蜜甘草膏

(1)配方　蜂蜜 80 克,陈皮 100 克,甘草 100 克。

(2)制作与用法　将陈皮、甘草放入锅中加适量水煎 3次,滤除残渣,用文火或减压浓缩器浓缩成膏状,加入蜂蜜调匀。每天早、晚空腹服用,每次 10～15 克。

(3)功能　补中益气,适用于胃及十二指肠溃疡。

14. 蜂蜜莲根汁

(1)配方　蜂蜜 100 克,莲根汁、梨汁各 200 毫升。

(2)制作与用法　将莲根汁、梨汁混合煎至膏状,加入蜂蜜调匀,文火煮沸,视体况随时服用。

(3)功能　消食、降火、镇咳,用于胃火旺盛不思饮食等症。

(五)蜂蜜用于美容化妆品方面的配方

1. 蜂蜜雪花膏

(1)配方　蜂蜜100克,特级硬脂酸250克,氢氧化钠10克,甘油200毫升,香精适量(产量不同按以上比例增减)。

(2)制作　将硬脂酸加2倍洁净水,在不锈钢加热器中加热至熔化;同时将氢氧化钠加10倍洁净水使之溶化;在搅拌条件下,把氢氧化钠溶液对入硬脂酸溶液中,加热至皂化成粥状,加入甘油,调整pH值至8以下,再加入热水250毫升,搅拌均匀,停止加热,加入蜂蜜、香精,搅匀,冷却后装瓶,备用。

(3)应用与功能　洗浴后涂抹脸、手,可起到滋润、养护皮肤作用,长期使用可防止皮肤粗糙、皲裂,并使皮肤变得嫩白、细腻,保持自然红润。

2. 蜂蜜香皂

(1)配方　蜂蜜200克,精炼植物油1 000克,氢氧化钠40克,硅酸钠液(水玻璃)50克,香精适量。

(2)制作　将氢氧化钠加10倍水溶化;将植物油投入不锈钢加热器中加热,搅拌条件下慢慢对入氢氧化钠溶液,边加热边搅拌(不必再加水),使油逐渐皂化,皂化过程中加入松香,使松香均匀熔化在油料中,保温2小时后停止加热,加入硅酸钠液、香精和蜂蜜,灌入模型中冷却后成型。

(3)应用与功能　蜂蜜香皂可用于日常洗脸、洗手,不仅有除污作用,而且有杀菌消炎、清洁和营养皮肤作用,还可用于防治因面部色素沉着而出现雀斑或褐斑,对皮肤无任何刺激等副作用。

3. 蜂蜜面膜

(1)配方　纯蜂蜜。

(2)制作与用法　将蜂蜜对2～3倍的凉开水稀释调匀即成。早、晚以温水洗脸后,均匀涂抹于脸部,20分钟后洗去。

(3)功能　营养滋润皮肤,可使皮肤光泽细嫩,减少皱纹,并能收紧松弛的皮肤,还可防治皮肤粗糙、黄褐斑、老年斑等症。

4. 蜂蜜葡萄汁面膜

(1)配方　蜂蜜20克,葡萄汁20毫升,淀粉10克。

(2)制作与用法　将蜂蜜对入葡萄汁中,边搅拌边加入淀粉,搅匀即可。洗脸后敷于面部,10分钟后用清水洗去。

(3)功能　适合油性皮肤者使用,经常使用可使皮肤滑润、柔嫩。

5. 蜂蜜牛奶面膜

(1)配方　蜂蜜10克,鲜牛奶10毫升,蛋黄1个。

(2)制作与用法　将以上3味搅拌均匀,调制成膏。洗脸后涂抹于面部,20分钟后洗去,每天1次。

(3)功能　营养皮肤,防止脸面起皱,促使皮肤白嫩。

6. 蜂蜜玫瑰面膜

(1)配方　蜂蜜60克,玫瑰汁10毫升,燕麦粉30克。

(2)制作与用法　将以上3味混合,调匀即成。洗脸后敷在脸上,30分钟后洗去,早、晚各1次。

(3)功能　适用于治疗面部黑斑。

7. 蜂蜜橄榄油面膜

(1)配方　蜂蜜100克,橄榄油50克。

(2)制作与用法　将以上2味混合,加热至40℃,搅拌均匀。应用时将混合膏涂抹到纱布上,覆盖于面部,20分钟后揭去洗净,每周 2～3 次,应长期使用。

（3）功能　防止皮肤衰老、消除皱纹、润肤祛斑,皮肤干燥者尤为适宜。

8. 蜂蜜嫩肤驻颜膏

（1）配方　白色蜂蜜 100 克,蜂蜡 150 克,白羊脂 210 克,麻子仁 30 克。

（2）制作与方法　将蜂蜡与麻子仁分别捣烂,混合,加蜂蜜、白羊脂调匀,放笼内蒸熟即成。每天 3 次,每次 10～20 克,温开水冲服。

（3）功能　防老驻颜,适合身体瘦弱的中老年人健身养颜。

9. 蜂蜜润肤膏

（1）配方　白色蜂蜜 80 克,精粉 15 克,新鲜猪皮 60 克。

（2）制作与用法　将猪皮去毛洗净,切成小块,用砂锅文火煨成浓汁,再对以蜂蜜、精粉,熬成膏状,每天饭前各服 1 次,每次 10～15 克。

（3）功能　滋润皮肤,减少皱纹,光泽须发。

10. 蜂蜜净面膏

（1）配方　蜂蜜 100 克,乙醇 25 毫升,水 25 毫升。

（2）制作与用法　将蜂蜜、乙醇、水混合均匀即成。洗脸拭干后,将净面膏涂抹于面部,保持 15 分钟,温水洗去,扑上香粉。

（3）功能　净面、护肤、美容、杀菌,可使皮肤柔嫩。

第三章 蜂王浆加工技术

一、蜂王浆加工的目的

蜂王浆是营养成分十分丰富的功能食品和天然保健品。其最简单有效的服用方法是直接食用,但很多消费者反映直接服用时蜂王浆的适口性差,口味难以接受。特别是鲜蜂王浆在常温下难以保存其新鲜度,其生物活性也易受到破坏。为了克服这一缺陷,很多企业将蜂王浆加工成适合各种场合和条件、满足各种不同层次需求的蜂王浆加工产品。

蜂王浆含有多种生物活性物质,适口性差,直接服用,剂量不好掌握。因此,需要通过加工处理,将鲜蜂王浆制成便于服用和保存、运输的产品,即制成蜂王浆冻干粉。制作蜂王浆冻干粉是一种较好的加工办法,它不仅能够保持鲜蜂王浆的全部成分,不必低温保存,而且用它可以制成各种剂型的商品。如蜂王浆片、蜂王浆胶囊、蜂王浆颗粒剂等。用鲜王浆配制成的口服液,具有有效成分完全、适口性好、易被吸收、发挥作用快等优点。其缺点是成本较高,不易携带。20世纪60年代以来,中国各种复方蜂王浆口服液相继投放市场,如北京蜂王精,它是加入党参、五味子、枸杞子等滋补性中药配制而成。其他还有人参蜂王浆、参茸蜂王浆、灵芝蜂王浆、西洋参蜂王浆等。

二、蜂王浆的加工方法

(一)纯鲜蜂王浆

蜂王浆是一种天然食品,不必进行任何加工处理就可以直接食用,但要将其开发为商品,就要考虑它的商品形象和货柜价值。因此,就要进行必要的分装和适当的加工处理。

1. 过滤 刚生产出的蜂王浆中难免混有少量的蜡屑和蜂王幼虫,这些杂质的存在,不利于蜂王浆的长期贮存。因此,在蜂王浆正式加工、贮存和出口前,必须去除杂质,使之成为纯净的蜂王浆。去除杂质的方法目前多采用过滤法,其中最常使用的过滤法有以下两种:

(1)夹挤法 此种加工方法最为简便,适用于家庭和小型蜂场。其做法是把蜂王浆装入 80 目的尼龙纱网袋中,扎紧袋口,用戴着橡胶手套的手或木制夹板挤压过滤。过滤前所有用具必须用 75% 的食用酒精消毒,加工场所必须洁净,严防杂菌污染。

(2)刷滤法 刷滤法所需设备一般为自己定制,通常在厚度 1 厘米左右的有机玻璃圆形筒下固定 1 个 80~100 目的尼龙纱网做成滤网,将滤网稳固地放置在托架上。以富有韧性的尼龙丝制成毛刷,毛刷背板用厚约 1 厘米的有机玻璃制成,其中部固定有轴,该轴可与电机转轴相连接。将毛刷紧贴尼龙网面,网下接一无毒塑料容器或不锈钢容器,倒入蜂王浆,转动电机,蜂王浆即会由滤网缓缓滤出。

2. 分装 按商品的要求,可将鲜蜂王浆分装成不同规格的商品出售,在商店中鲜蜂王浆应存放在冰柜中。

(二)蜂王浆冻干粉

鲜蜂王浆酸涩带辛辣味,略甜,在水和乙醇中部分溶解,遇光、热、空气或置室温中均易变质,产生强烈臭气。鲜蜂王浆在常温下由于天然成分对光、热比较敏感,而热能降低药理作用和生物学活力,降低营养价值,易变质失效,在常温下不容易保存,给运输和贮存带来不便。蜂王浆冻干粉采用冷冻干燥技术,将蜂王浆进行真空冷冻干燥。加工成冻干粉的蜂王浆在密封避光的容器中就可以在室温下较长时间地存放,这样食用起来就方便多了。

蜂王浆的冷冻干燥,就是将鲜蜂王浆冻结成固态,然后放置在真空环境中,使其中的水分直接由固态升华成气态而除去,达到含水量为2%左右的加工过程。蜂王浆经冷冻干燥后的制成品,称为蜂王浆冻干粉。它能完好地保持鲜蜂王浆的有效成分和特有的香味、滋味,而且活性稳定,可在常温下贮存。

1. 冷冻干燥的原理 冷冻升华干燥实际上是一个脱水过程。将加工的原料首先冻结,然后在真空状态下将水分以蒸发干燥的形式除去。

从理论上可知,水的液态、固态、气态3种不同的状态是由压力和温度所决定。根据压力减小,沸点下降的原理,当压力降到610帕,温度在0.0098℃时,冰、水、气可同时存在,即三相平衡点。当压力低于610帕,不论温度如何变化,水的液态都不能存在。这时对冰加热,冰只能直接升华成水蒸气。

根据这个原理,即可对含有大量水分并具有热敏感性质的蜂王浆,进行冷冻升华干燥制成干粉。

2. 冷冻升华干燥的特点 ①由于在低温下操作,故物料能更好地保留其天然质量及各种营养成分。②由于在真空下操作,故物料不易氧化,微生物的生长和氧化酶的作用也受到抑制。③物料的原有质体、形状、组织和结构不变,保持了原来物质的特性,避免了溶质浓缩而使制品变质。④由于冰晶体升华,造成物料的多孔疏松结构,加水后极易溶解。因此,复水快,食用方便。⑤能排除95%～99%以上的水分,制品能长期保存而不变质。

3. 冷冻干燥机的结构与功能 根据冷冻干燥的原理,冷冻干燥机必须具有制冷系统、真空系统、加热系统和电器仪表控制系统(图3-1)。其主要部件为干燥箱、凝结器、冷冻机组、真空泵和加热装置等。

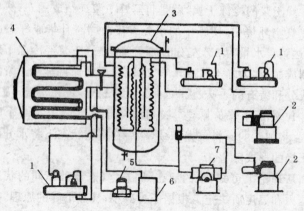

图3-1 冷冻干燥机系统示意图

1. 冷冻机 2. 真空泵 3. 冷凝器 4. 干燥箱

5. 循环油泵 6. 油箱 7. 罗茨泵

制品的冻干是在干燥箱中进行的。干燥箱内的隔板用铸铝板制成,两排冷管及热管浇注其中,分别用来对制品进行冷却和加热。

冷凝器内部装有螺旋状冷气盘管,一般为6组。其工作温度低于干燥箱内制品温度,最低可达-60℃。

4. 蜂王浆冷冻干燥的工艺要点

(1)过滤　在蜂王浆中加入等量的蒸馏水,搅拌均匀,再用 100 目尼龙纱网过滤,除去其中的杂质。将经过过滤的蜂王浆装入真空冷冻干燥机的托盘中,蜂王浆的厚度为 8～10 毫米,或装入安瓿内。暂不封口,放进冷冻干燥室内。

(2)真空低温干燥　开动真空冷冻干燥机,将真空干燥室的温度降至-40℃,使蜂王浆快速冻结,然后将真空度控制在 133 千帕左右,使蜂王浆料温保持在-25℃左右,冷凝器的温度控制在-50℃左右,形成较大的蒸汽压差,促进水蒸气排出。同时给冷冻干燥室部件加热,传给料盘,促进水分升华。真空低温干燥持续进行 12 小时左右后,蜂王浆中的水分已降至 10%左右,此时已初步达到干燥的目的,但不能长期保存,必须继续干燥。此时可以提高干燥室的温度至 30℃,最高不超过 40℃,持续 4～5 小时,让水分快速蒸发,使蜂王浆的水分含量降低到 2%左右,即完成干燥过程。

(3)粉碎　未加水而直接放入干燥室进行冷冻干燥的蜂王浆,通常只需要 12 小时就可完成干燥过程。但在脱水后质地坚硬,形成块状,需加以粉碎并过筛,以使其便于利用。有时在蜂王浆中加入部分医用淀粉后再进行冷冻干燥,这种产品常呈板结状,加水不能复原,经粉碎过筛,可作为加工蜂王浆胶囊和片剂等产品的原料。

(4)封装保存　蜂王浆冻干粉具有很强的吸湿性,封口必须在相对湿度低于 60%的室内进行。因此,进行此项操作的车间,应该加装空调机和除湿机。分装封口和安瓿封口都需快速进行,最好用真空封口或充氮气封口。

(三)蜂王浆蜜

蜂王浆蜜制作简便,成本低,服用方便,口感好,液体剂型吸收快,消费者乐于接受。

1. 工艺流程 见图 3-2。

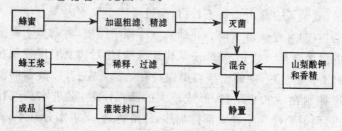

图 3-2 蜂王浆蜜生产工艺流程图

2. 加工工艺 ①将蜂蜜加温达 45℃时,先进行粗过滤(60目),然后进行中过滤(90目),将蜂蜜中的蜡屑、蜂尸、杂物去掉,再将滤液用巴氏灭菌法灭菌。②鲜蜂王浆中加入少量食用酒精稀释,用 40~60 目的尼龙纱网过滤,将蜡屑、幼虫、杂质去掉。③将准备好的蜂蜜和鲜蜂王浆倒入搅拌机内混合,加入山梨酸钾和香精,搅拌 4~5 小时后停机,静置数小时。④将搅拌均匀的蜂王浆蜜进行分装,贴上标签,在避光、阴凉处贮存。

3. 实例配方 鲜蜂王浆 40 克,蜂蜜(40 波美度)1 080 克,山梨酸钾 1 克,食用酒精、香料适量,制成 1 000 毫升成品。

本品每毫升含鲜蜂王浆 40 毫克,每天早餐前空腹服用 5 毫升。

(四)蜂王浆花粉蜜

蜂王浆花粉蜜是以天然食品蜂王浆、蜂花粉、蜂蜜为主要原料,经科学加工而成的。它具有极高的营养价值,经常食用,无论对儿童、老人、妇女、体弱多病者以及运动员都可起到增加食欲、滋补身体、增强体力、消除疲劳、补脑益智的功效,而且具有促进皮肤健美和抗老延年的奇妙作用。

1. 工艺流程 见图 3-3。

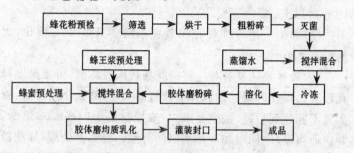

图 3-3 蜂王浆花粉蜜生产工艺流程图

2. 操作要点

(1)蜂花粉检验

①水分检测 水分<5%。

②活性检测 用氯化三基苯四氮唑(TTC)或过氧化酶法测定蜂花粉生物活性。

③细菌检测 杂菌总数<1 000 个/克。真菌<500 个/克。无任何致病菌,如葡萄球菌、链球菌、假单胞菌(含绿脓杆菌)、需氧芽胞杆菌(含炭疽杆菌)等。

④残渣(灰分)检测 残渣(灰分)<5%。

⑤含氮量检测 含氮量>3.5%。

⑥蜂花粉纯度检查 纯度>80%。

(2)筛选 经过筛,除去蜂花粉内沙石、泥块等异物。

(3)烘干 在 45℃以下烘干蜂花粉。

(4)粗粉碎 将干燥蜂花粉用高速粉碎机进行粗粉碎,

100 目过筛。

(5)**灭菌**　蜂花粉称量后,用 80% 乙醇溶液浸泡或喷洒。喷洒时,把蜂花粉摊平,边喷边翻动,要喷洒彻底、均匀。

(6)**混合**　用蒸馏水(按 1：1 比例)将蜂花粉调匀,混合。

(7)**冷冻**　将上述蜂花粉在 -15℃～-25℃ 低温下冷冻 12 小时以上。

(8)**溶化**　把冷冻蜂花粉放在水浴中升温 45℃ 溶化,大约需要 2 小时。

(9)**胶体磨破壁粉碎**　将蜂花粉投入胶体磨,可得破壁蜂花粉乳。操作时要控制胶体磨狭缝的大小,缝太小易升温,缝太宽不能达到粉碎、破壁要求。一般控制在 0.04～0.05 毫米,并应适当循环,同时加冷却水以防升温。经如上处理,蜂花粉破壁率一般只能达 60% 左右,为提高破壁率,应重复冷冻、溶化、胶体磨处理 1 次,破壁率要达到 80%～90%。

(10)**蜂王浆预处理**　称取蜂王浆,用蒸馏水稀释(1：1),并经 100 目过滤,备用。

(11)**蜂蜜的预处理**　称取蜂蜜,用蒸汽加热或水浴加热至 90℃、30 分钟并经 100 目过滤,备用。

(12)**搅拌混合**　待蜂蜜冷却至常温,把它和蜂王浆稀释液、适量防腐剂、香精等,一起加入蜂花粉乳内,并搅拌混合均匀。

(13)**胶体磨均质乳化**　将上述稠状混合物,再次投入胶体磨,调整狭缝,加冷却水,经循环加工,使乳化、分散、均质。

3. 质量标准

(1)**感官指标**　该品应无异味、无霉变、不沉淀、不分离,黄色(蜂花粉品种不同有异),呈香甜稠状物。

(2)**理化指标**　pH 值为 3.5～4.5;比重为 1.2～1.3;蜂

花粉破壁率为 90% 以上;其他符合食品卫生标准。

(3)细菌指标　细菌总数<8 000 个/克;真菌<50 个/克;大肠菌数<40 个/克;无致病菌。

4. 注意事项　①蜂花粉原料的质量直接影响产品的质量,必须经严格鉴别、检测。把好质量关,凡不合格的决不能使用。特别要注意,谨防蜂花粉霉变,同时不准暴晒、高温烘烤,防止蜂花粉失去生物活性。②不同品种的蜂花粉,基本成分相似,但有的含有对某些疾病有特殊疗效的物质,所以,在生产中应根据需要选择固定蜂花粉种类,以保证产品特性,并可生产系列产品,以适应不同消费者的要求。③因蜂王浆、蜂花粉均不能进行高温消毒,所以,乙醇浸泡、喷洒必须彻底、均匀。加工中尤应严格注意卫生,一般应为无菌操作。④生产中尽量不用香精、色素,以保持自然风味。有必要添加时,应严格按食品添加剂规定执行,使用量不得超过有关规定。

(五)西洋参蜂王浆口服液

这类产品在蜂王浆口服液的基础上加入中草药或其他药食兼用的成分,以增强蜂王浆的作用。有添加人参的"人参蜂王精",添加西洋参的"西洋参蜂王浆",添加黄芪的"正黄芪蜂王精",添加天麻的"天麻蜂王精"。此外还有添加鹿茸、灵芝、当归等辅助药物的。也有同时加入多种辅助药的,如北京蜂王精,加有党参、五味子、枸杞子和多种维生素,疗效甚佳。加工工艺流程也基本一致。现以西洋参蜂王浆口服液为例说明其加工工艺。

1. 原料配方　优质西洋参 10 千克,蜂王浆 10 千克,异麦芽低聚糖 10 千克,白砂糖(或其他甜味剂)10 千克,葡萄糖酸锌(儿童型)0.043 千克,柠檬酸适量。

2. 工艺流程 见图 3-4。

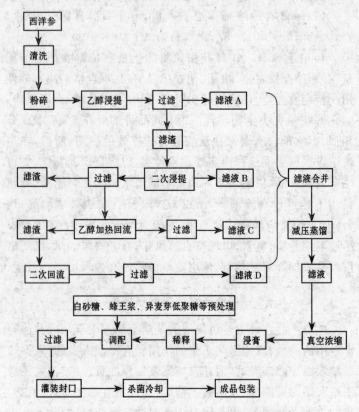

图 3-4 西洋参蜂王浆口服液生产工艺流程图

3. 操作要点

（1）预处理 本工艺选取总皂苷含量高于 8% 的优质西洋参为原料,首先需清洗除去西洋参所粘附的泥污、虫卵等杂质,接着用粉碎机和微粉碎机二级破碎后,成为 160 目以上粒度的西洋参粉。

（2）西洋参活性成分的浸提液　称取 10 千克的西洋参粉加入到 10 倍重量的 85% 乙醇溶液中,在 45℃±2℃ 的温度下浸泡 72 小时,然后放出乙醇溶液,过滤得到滤液 A,所得滤渣再重复浸泡并过滤 1 次得到滤液 B;往两次浸泡后的滤渣中再次加入 8 倍重量的新鲜乙醇回流 2.5 小时,控制温度不超过 70℃,重复 2 次,分别收集得到滤液 C 和滤液 D。将上述收集到的 4 种滤液 A,B,C,D 合并,并进行减压蒸馏回收乙醇,将得到的无醇浸提液送真空浓缩罐。

（3）真空浓缩　将无醇浸提液在真空浓缩罐中,进行减压浓缩,蒸发温度为 68℃ 左右,足以避免西洋参活性物质的失活,浓缩至 78 波美度为止即得到西洋参浸膏。

（4）调配　在调配罐中,将西洋参浸膏用软化水定量稀释,将蜂王浆、异麦芽低聚糖、白砂糖、葡萄糖酸锌、柠檬酸等辅料加适量水溶解、过滤后加入到调配罐中,与西洋参稀释浸提液合并,进行充分搅拌混合均匀,并用板框式过滤器除去杂质。

（5）灌装及杀菌　经过滤后的料液用安瓿灌封机分装于 10 毫升的安瓿瓶中并及时封口,再在 70℃～80℃ 的热水中进行水浴加热杀菌 25～30 分钟,采用冷水冲淋法分段冷却至室温,擦干瓶外水分后,贴标签、包装,即得成品西洋参蜂王浆口服液。

（六）蜂王浆口服液

蜂产品口服液的一般要求:对原料进行质量检查,防止不合格物料混入。禁止使用化学制剂规格的药品做原料。所用溶媒一般为蒸馏水,其他溶媒需符合注射用规格。口服液应为澄清的无色或有色液体,允许有少许微粒存在,无菌,符合卫生学检查标准。对有效成分较难控制的口服液,规定每 100 毫升或每 10 毫升中含原料的量。装量准确、封口严密并按规定包装。

1. 工艺流程 见图 3-5。

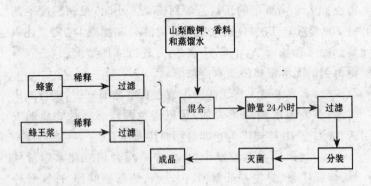

图 3-5 蜂王浆口服液生产工艺流程图

2. 加工工艺 ①在蜂蜜中按 1:1 的比例加入等量水混合,用 50 目尼龙纱网过滤,将蜂蜜中的蜂尸、蜡屑、杂质除掉,再将滤液用巴氏灭菌法灭菌。②蜂王浆加食用酒精稀释搅拌均匀,先用 20 目尼龙纱网过滤,然后用 50 目尼龙纱网过滤,除去蜂王浆中的幼虫、蜡屑、杂物。③将准备好的蜂蜜和蜂王浆液倒入搅拌机内混合,加入山梨酸钾、香料和蒸馏水搅拌均匀,用 120 目的尼龙纱网过滤。④将滤液低温冷藏 24 小时后吸取上清液,过滤,将滤液分装于 10 毫升的安瓿中,封口检验合格后,按每盒 10 支包装。

3. 实例配方 鲜蜂王浆 40 克,蜂蜜 20 克,食用酒精 120 毫升,山梨酸钾、香料适量,加蒸馏水配成 1 000 毫升产品。每天清晨或临睡前服用。

4. 常用的机械设备

(1)提取设备　提取溶媒回收器、精油蒸馏分离装置等。

(2)过滤设备　框板式压滤机、双联过滤器、离心过滤器等。

(3)浓缩设备　可倾式不锈钢夹层锅、薄膜蒸发器等。

(4)水处理设备　多效或高效蒸馏水器、离子交换水处理器。

(5)配料设备　配料罐或配料桶、全自动或半自动配液机。

(6)清洗设备　口服液清洗机、冲刷瓶机或自动注液刷瓶机、甩水机。

(7)罐装设备　自动定量分装机。

(8)封盖设备　口服液封盖机、瓶盖封口机、印字机。

(9)灭菌设备　高压消毒灭菌器、流通蒸汽灭菌柜、微波灭菌器。

(10)其他设备　电冰箱、远红外干燥箱、离心泵、输液泵、减压泵、真空泵、吸缩包装机等。

(七)蜂王浆含片

蜂王浆含片属于蜂王浆的片剂产品,这类产品以蜂王浆为主要原料,添加淀粉、糖等辅料,搅拌均匀压成片即可。为减少蜂王浆与空气直接接触而产生氧化或吸收空气中的水分,蜂王浆片通常包有糖衣。此外,许多同类产品在此基础上添加辅助治疗剂,以加强蜂王浆的作用。活性蜂王浆含片的保存、携带、食用均方便,可于口中含服,缓慢溶解,增加了口腔粘膜对其有效成分的吸收,同时口感纯正,回味无穷,是更年期男女及病后体弱者和中老年人延缓衰老的保健佳品。

1. 配方　鲜蜂王浆 100 克,人参 10 克,维生素 B_1 2 克,维生素 B_2 0.25 克,辅料(淀粉和葡萄糖)适量,制成 1 000 粒。

2. 加工工艺 ①把人参切碎,用乙醇提取,将提取液过滤后浓缩,乙醇回收。②将维生素 B_1 和维生素 B_2 用少量水溶解后与鲜蜂王浆一起加入人参浓缩液中。③混合机中加入辅料,边搅拌边加蜂王浆、人参、维生素的混合液。搅拌均匀后,制粒烘干。④用压片机将制好的颗粒压成片,用糖衣机上糖衣,最后包装为成品。⑤每天服 1～2 片,儿童每天服 1 片,置舌下含服。本品应在阴暗干燥处贮存。

(八)蜂王浆冻干粉含片

蜂王浆冻干粉含片也属于蜂王浆的片剂产品。

1. 配方 蜂王浆冻干粉、人参果冻干粉、糖、甘露醇、糊精、甘氨酸和柠檬酸。

2. 加工工艺 先将蜂王浆制成冻干粉,将人参果取汁制成冻干粉,将糖、甘露醇、甘氨酸粉碎过 80～120 目筛,将柠檬酸溶于水中搅拌至全溶,将所有原料混合均匀制成片剂。

(九)蜂王浆水丸

蜂王浆水丸又称粒状蜂王浆,最先在日本出现。它是以冷冻干燥的蜂王浆粉与油脂一起混合,制成粒状芯材,然后在其表面再包上一层被膜材料,制成粒状蜂王浆。这种粒状蜂王浆可以长期保存,质量稳定,易于服用,携带方便。这一制作工艺现已在世界范围内推广使用。

1. 配方 蜂王浆冻干粉 40 份,植物性硬化油 44 份,维生素 E 5 份,乳化剂 1 份。

2. 加工工艺 ①在蜂王浆粉中加入作为成型剂的油脂,经过混合制成粒状。加入油脂的目的是使蜂王浆能形成粒状,可使用动物性或植物性硬化油,如可可脂等食用油类。②加入维生素E、维生素C等抗氧化性物质,这样不仅可以防止油脂氧化,还可以防止蜂王浆有效成分的氧化。由于油脂的存在,更便于加入维生素、无机盐等以提高蜂王浆的营养价值和疗效。③用造粒机造粒。融化的蜂王浆、油脂混合物由小孔挤出,同时进行冷却。也可采用模具成型、滚轧成型等成型技术。必要时可用回转锅进一步整形,使颗粒形状一致。④将颗粒包上外衣,制成粒状蜂王浆。包衣材料可用糖类,如砂糖、葡萄糖等。也可用糖醇类,如山梨(糖)醇等,或用虫胶、乙烯酸、可溶性蛋白质、高熔点油脂、蜜蜡等可以形成保护膜的物质,以防止芯材中的蜂王浆与空气接触发生变质现象。包衣可以用一种材料或用数种成分的混合物,也可用多层次包衣法。

这种粒状蜂王浆已无蜂王浆原有的不良味道,味甜,易于吸收。本品装入容器中,用防潮赛璐玢覆盖,在26℃条件下保存1年,色、香、味等原有风味保持不变。

(十)蜂王浆膜剂

胶质薄膜干蜂王浆是在常温减压的条件下生产的,经免疫增强指标试验证明,其产品完全能保持鲜蜂王浆同样的活性。

1. 加工原理 利用薄膜蒸发面积大和减压的条件,把鲜蜂王浆薄膜的温度控制在34.5℃,让水分蒸发,该温度正好是工蜂咽下腺产生蜂王浆、分泌蜂王浆和蜜蜂幼虫浸浮在蜂王浆上取食的温度。蜂王浆在此温度下,短时间(10小时左右)一般不会变质。

2. 加工方法 将新鲜蜂王浆涂覆在经过消毒的干净玻璃板上,放入真空干燥机内,把干燥机内的气压抽降到 -5.3 千帕以下,温度保持在34.5℃,经过数小时蒸发,可以使鲜蜂王浆中的水分降至 5％以下,再把蜂王浆脱水后形成的胶质膜铲下,就可获得胶质薄膜状干蜂王浆。这种工艺方法生产出的干蜂王浆容易吸收空气中的水分而出现返潮现象,因此,应在相对湿度极低的条件下,立即用气密性、水密性良好的塑料薄膜进行真空或充氮封口包装。

由于加工中没有采用真空冷冻方式,生产设备相对比较简单,生产成本比较低廉,应用也比较方便。

(十一)蜂王浆硬胶囊

胶囊剂是将粉末、液体或半固体原料填装于软胶囊或硬胶囊中制成胶囊剂。胶囊剂的特点是整洁美观,易于吞服,原料的生物利用率高,在胃肠中比片剂崩解得快,吸收得好,同时克服了蜂王浆对光敏感、遇湿热不稳定等弱点,提高了原料的稳定性,避免其氧化、分解、吸潮结块变质等现象。

1. 硬胶囊剂的制作

(1)空心硬胶囊的制备 空心硬胶囊壳分为上、下两节,上节粗而短,下节细而长,套叠在一起即可。硬胶囊壳的主要原料为明胶,其生产工艺为:溶胶→蘸胶→制坯→干燥→拔壳→切割→整理。

(2)原料的手工填充 根据分装量的多少,选择适宜型号的硬胶囊外壳。根据需要,将原料粉碎过筛,与适宜辅料混合均匀或制成颗粒状。将适宜的硬胶囊壳下节插入胶囊插板眼孔中,并使囊口与插板处同一水平。将定量的原料放在插板上,用刮板将原料均匀地刮入胶囊下节中。盖上硬胶囊上节,并压平、压牢。从胶囊插板眼孔中取下,填充好胶囊,筛去原料粉末,剔除破损者。用丝光毛巾蘸少许液状石蜡打光打亮。

(3)机械填充胶囊 选择空胶囊→机械填充→封口→印

字。用于机械填充的原料应与赋形剂混合均匀,使其具有适宜的流动性,并在输送和填充过程中不分层。

全自动胶囊填充操作流程为:供粒→排列→校准方向→分离→填充→结合→排出。填充后将胶囊封口(图3-6)。

图3-6 全自动胶囊填充操作流程示意图

胶囊剂填充机可分为 4 种类型:①由螺旋钻压进原料。②用柱塞上下往复将原料压进。③自由流入原料。④在填充塞内先将原料压成单位量,再填充于胶囊中(图3-7)。

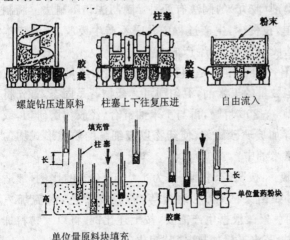

图3-7 硬胶囊剂填充类型示意图

2. 蜂王浆冻干粉胶囊配方 蜂王浆 125 克,五味子 80 克,党参 30 克,枸杞子 20 克,维生素 PP 5 克,维生素 B_1 5 克,

维生素 B_2 0.1 克,制成 1 000 粒。

3. 操作步骤和方法 ①将鲜蜂王浆过滤去杂质,放入冷冻干燥机内,在真空条件下脱水干燥成粉状,或冷冻干燥成块状,再粉碎成细粉。②将五味子、党参、枸杞子切成碎片,用水煮后过滤去渣,将滤液浓缩。③将维生素 PP、维生素 B_1、维生素 B_2 用少量蒸馏水溶解于中药浓缩物中,合并搅拌均匀,加入适量淀粉搅匀后烘干,粉碎成细粉。④将上述两种细粉混合搅拌均匀后装入胶囊,再装瓶、贴标签即为成品。⑤每天服用 1～2 次,每次 2 粒,清晨或睡前服用均可。

(十二)蜂王浆软胶囊

软胶囊剂(胶丸)的制法有两种:滴制法和压制法。滴制法设备简单,投资少,生产过程中几乎不产生废胶,产品成本低。压制法胶料浪费大,生产成本高。

1. 配料 药物本身是油类的,只需加入适量防腐剂,或再添加一定数量的玉米油,混匀即可。药物若是固态,首先将其粉碎过 100～200 目筛,再与玉米油混合,经胶体磨研匀,或用低速搅拌加玻璃砂研匀,使药物以极细腻的质点形式均匀地悬浮于玉米油中。

2. 化胶 按明胶、甘油、水为 1:35:0.9 的比例,加适量防腐剂,如山梨酸钾、尼泊金等,若胶皮带色,尚需加入 0.5% 食用色素。根据生产需要,按上述比例,将以上物料加入夹层罐中,蒸汽夹层加热,使其溶化,成为胶浆备用。

3. 滴制或压制 如采用滴制机生产软胶囊剂,将油料加入料斗中;明胶浆加入胶浆斗中,并保持一定温度;盛软胶囊器中加入液状石蜡,根据每粒胶丸内含原料量多少,调节好出料口和出胶口,胶浆、油料先后由出口滴出,明胶浆先滴到液状石蜡上面并展开,油料立即滴在刚刚展开的明胶表皮上,由于重力加速度的作用,胶皮继续下降,使胶皮完全封口,油料便被包裹在胶皮里面,再加上表面张力作用,使胶皮成为圆球形,由于温度不断地下降,逐渐凝固成胶丸,即软胶囊剂。再经过乙醇洗涤去油、干燥等工艺过程即得软胶囊(图 3-8)。

采用软胶囊压制机制胶丸时,将油料、明胶浆分别放入料斗中,先调节好出胶皮的厚度和均匀度,再根据每粒胶丸内含量多少,调节出料口,先试压制一小部分,检查内容物重量是否符合规定,如不合乎要求,要重新调试,直至合格方可连续压制生产。压制出的胶丸,先冷却去油固定,再用乙醇洗涤去油、干燥(图 3-9)。

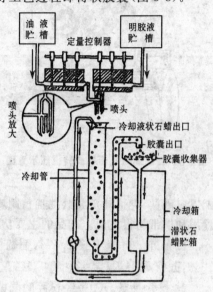

图 3-8　软胶囊滴制法生产过程示意图

(十三)蜂王浆注射液

蜂王浆注射液是一种特殊剂型,不同于蜂王浆其他口服的蜜剂和固体剂型,它是装进安瓿用于注射的针剂,pH 值 2.5～5.5,每毫升含蜂王浆 5～50 毫克。

将冷冻蜂王浆混悬于少量的乙醇中,搅拌均匀,滤去不溶物,滤出的不溶部分再用 30%乙醇溶解、搅拌、过滤,把滤出

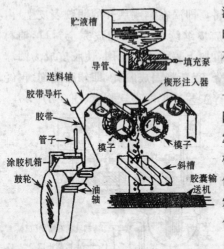

液和用 95% 乙醇溶解的滤出液混合,加蒸馏水使溶液中含醇量为 30%,加适量盐酸普鲁卡因和三氯叔丁醇等附加剂,调整 pH 值为 2.5~5.5。用无菌砂滤棒过滤,在二氧化碳条件下进行灌装封口,经灯检和真空箱检漏后包装,贴上标签。

图 3-9 自动旋转轧囊机旋转模压示意图

(十四)蜂 乳 晶

蜂乳晶是蜂王浆配以白砂糖、少量蜂蜜和其他辅料制成的颗粒制剂。这种产品食用和携带均很方便。产品的主要功效由蜂王浆产生。

1. 配方 鲜蜂王浆 2.5%,葡萄糖 19%,蜂蜜 8%,奶粉 10%,蔗糖 60%,复合维生素 0.5%。

2. 操作步骤 ①将经粉碎的蔗糖放入混合机中,同时加入葡萄糖、奶粉、复合维生素,最后加入蜂王浆、蜂蜜,搅拌均匀。②将混合均匀的原料转送进颗粒机中制粒。③将成形的颗粒放入烘干机中,在 35℃下烘干,过 20 目筛。④将干燥的颗粒用瓶或不透明的铝箔袋包装。

(十五)蜂王浆花粉晶

1. 配方 花粉 20%,蜂王浆 2%,蜂蜜 20%,奶粉 10%,蔗糖 43%,淀粉 5%,香精适量。

2. 操作步骤

(1)**鲜蜂王浆预处理**　向鲜蜂王浆中加入等量蒸馏水,搅拌均匀,以80目筛网过滤,除去杂质备用。

(2)**花粉预处理**　选定花粉品种,精选去除杂质,用食用酒精灭菌,再加蒸馏水软化备用。

(3)**蜂蜜预处理**　把蜂蜜用蒸汽或水浴溶化结晶,用60目粗滤,巴氏灭菌后用100目筛网过滤备用。

(4)**辅料预处理**　将蔗糖粉碎,过80目筛。淀粉、奶粉过100目筛,与糖粉混匀备用。

(5)**制面**　将预处理后的原料按规定比例混合搅拌制成面团。先把蜂蜜倒入搅拌机内,再把蜂王浆倒入冷却的蜂蜜中,搅拌均匀,然后慢慢加入花粉,继续搅拌。最后依次加入奶粉、淀粉、糖粉,搅拌混合均匀。粉状原料应缓缓加入,以免结块,搅拌要彻底均匀。

(6)**制条**　把干湿适中的面团制成湿的面线条,均匀地散铺在托盘上。没有颗粒成型机时,可用力压挤面团使其通过10～20目筛的方法制条。

(7)**过筛**　将干燥的面线条压断,过10～20目筛,取其筛下的上面颗粒作为成品。

(8)**喷香**　把颗粒排平,均匀地喷上一薄层香精雾滴。将喷香后的干燥颗粒混合均匀,加盖密封。

(9)**分装**　过筛、喷香和分装都要在空气湿度很低的环境中进行,以保持颗粒的干燥度和脆性。分装速度要快,封口要严,以防潮解变质。

(10)**贴标签、检验、入库**　分装完成后,瓶装、铁罐装的合格品就可贴标签,塑料袋包装的则在装盒后贴标签。成品检验合格后装盒或装箱入库。

(十六)蜂王浆奶粉

1. 原 料　新鲜牛奶,新鲜蜂王浆,砂糖,蒸馏水(要求新鲜中性)。

2. 生产设备　生产全脂加糖奶粉的全套设备。

3. 工艺流程　见图 3-10。

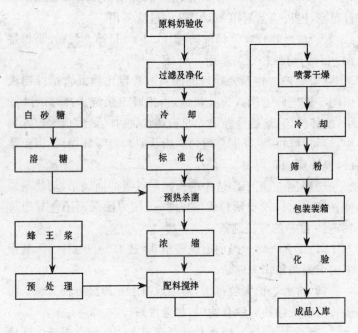

图 3-10　蜂王浆奶粉生产工艺流程图

4. 操作要点

(1)原料奶的验收　除感官验收外,总固体要求达到 11%～12%,脂肪 2.8%～3.2%,比重应为 1.030,酒精试验不得呈阳性反应。

（2）过滤及净化　净化的目的为了除去奶中的机械杂质以及附着在这些杂质上的微生物等。

（3）冷却　目的在于抑制微生物的生长繁殖，延长牛奶的保存期，使牛奶在加工贮藏期内不变质，采用冷媒通过片式冷却器进行热交换，使乳冷却到 $2℃\sim6℃$。

（4）标准化　因原料奶中的乳脂肪与非脂干物质的含量随奶牛的品种、泌乳期、饲料、饲养管理及气候变化而变化，其脂肪变化最大，为使原料奶中脂肪与非脂干物质之比等于产品中脂肪与非脂干物质之比，使成品达到标准，必须对原料奶进行标准化处理。

（5）贮存　奶温 $4℃$ 左右，保证工厂进行平衡生产，贮藏期间必须时常搅拌，防止脂肪上浮，以免影响产品质量。

（6）预热杀菌　目的在于杀灭奶中的微生物，破坏酶的活性，延长产品的保存期，采用管式高温短时间杀菌法，即 $85℃\sim90℃$ 维持 $15\sim30$ 秒钟。

（7）浓缩　本工序采用单效连续真空浓缩，降低了牛奶浓缩的沸点，避免了牛奶受高温而使蛋白质变性的可能性，工作时锅内真空度 $79.99\sim85.32$ 千帕，温度控制在 $55℃$ 以下，浓奶干物质量为 $40\%\sim50\%$。

（8）鲜蜂王浆预处理　鲜蜂王浆 1 份与蒸馏水 10 份混合，用消毒过的两层尼龙纱布真空过滤，滤去蜡渣、幼虫。

（9）配料　按鲜奶折算，鲜奶、砂糖、鲜蜂王浆的比例为 $100:2.5:0.14$，混合搅拌均匀，应注意添加各种物料的计量准确性。

（10）喷雾干燥与产品包装　喷雾干燥前必须对烘箱进行杀菌，调整好进、排风后，进入物料，使进风温度控制在 $135℃\sim160℃$，排风温度 $85℃\sim90℃$，高压泵压力控制在

10~16兆帕,干燥塔内负压1.3~1.6千帕,喷雾完毕后,进行彻底清扫,然后将粉冷却过筛,进行计量包装,成品检验。

(十七)蜂王浆饮料

1.原料 蜂王浆澄清液80份,蜂蜜10份,蔗糖10份,柠檬酸0.1份,加水240份,哈密瓜香精适量。

2.工艺流程 见图3-11。

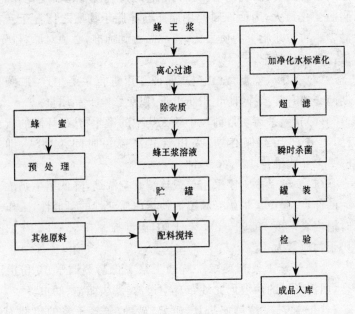

图 3-11 蜂王浆饮料生产工艺流程图

3. 操作要点

(1)蜂王浆的处理 从冰箱取出需用量的蜂王浆,对入75%食用酒精,使之稀释,在搅拌的条件下充分混合,离心过滤,除去幼虫、王台口蜡片等杂质。将蜂王浆4份、75%乙醇

0.2 份、温水(60℃)15 份混合搅拌,得到蜂王浆悬浮液,再继续搅拌 30 分钟,然后冷却至室温,用 10%碳酸钠溶液调节 pH 值至 5.0,再以 6 000 转/分钟的的离心速度进行离心分离 20 分钟,分离除去不溶成分,制成透明的蜂王浆溶液。

(2)蜂蜜的处理　用沸腾的软化水溶化蜂蜜,然后冷却至 40℃～50℃,双联过滤器过滤,进入配料罐。

(3)配料　按工艺配方加入各种原料、辅料,搅匀,再用硅藻土过滤机过滤,工作压力为 200 千帕,产品透光率要求达 90%以上。

(4)脱气　脱气机的真空度为 50 千帕。

(5)超高温瞬时杀菌　超高温瞬时杀菌温度 120℃。

(6)罐装和封罐　封罐机的真空度为 50 千帕。

(十八)蜂王浆葡萄酒

把经预处理的葡萄汁倒入主发酵罐内,加入白糖,调糖度达 25 度左右。在 15℃的室温下进行主发酵,经过 15～20 天,发酵液酒精度达到 11°、糖度 15 度时,通入 100～200 毫克/千克的二氧化硫气体,抑制酵母菌和杂菌的生长。静置 5 天,使酵母和不溶于发酵液的物质沉淀。用虹吸法把上清发酵液抽出,经过滤器过滤进入老熟罐,降温至-10℃放置 2 天,使过量的酒石析出并分离出去。之后将温度升高到 5℃,再加入蜂王浆进行搅拌,保持 24 小时。然后,把温度升高到 25℃～30℃,快速搅拌 4 小时;再把温度降至 0℃～5℃,保持 24 小时;接着再次把温度提高到 25℃～30℃。这样变温处理 4～5 次,使蜂王浆充分溶解到酒液中,在常温下不至析出,以充分发挥蜂王浆的功效。

这样酿制的蜂王浆葡萄酒,属发酵和勾兑结合酿制的产物,既有葡萄酒的滋味,又有蜂王浆的功效,具有强身美容的作用。特别是对一些妇女的慢性病症,有一定疗效。

(十九)蜂王浆滋补酒

1. 蜂王浆人参酒 称取成熟蜂蜜 25 千克,加水稀释 3 倍,加乳酸调节 pH 值为 4~6,再加入蜂王浆 1 千克,充分搅拌混合均匀后,保持温度在 36℃条件下,接种啤酒酵母和米曲酒的培养液各 1 升,使之发酵。通过发酵,蜂王浆溶解在发酵液中,并使发酵液中的糖分转化为酒精。待发酵结束后过滤,除去杂质并把酵母分离出去。然后,加入人参提取液(人参用 40%乙醇浸泡),充分混合后再加入 200 个装有鲜蜂王浆的王台和 100 克山栀子。在 20℃的条件下,经过 3~12 个月的陈酿后,取出山栀子,分装入小坛或暗色瓶内。每坛(或瓶)加入 1 支人参和 2 个王台,密封坛口即酿成蜂王浆人参酒。

这种酒的发酵必须同时加入上述两种微生物,因为蜂王浆中有些成分对酵母有抑制作用,单加酵母时不易进行发酵,在加酵母的同时,加入米曲后发酵才会顺利进行。该酒的酿制法可以保证蜂王浆成分的充分溶解,还可以消除苦味和其他异味。经此法酿制的蜂王浆人参酒功效高,酒度低,色、香、味俱佳,适宜于老人及病后身体虚弱者服用。

2. 蜂王浆补酒 由 3 个制作部分合并而成,即黄酒酒基的制作、中药液配制与提取蜂王浆的处理与溶解,严格把好 3 个制作关,对保证产品的功效与酒质关系密切。

黄酒是蜂王浆补酒的基础,其制作方法与常规优质黄酒制作大同小异。制好黄酒基要掌握好 3 个方面的关键技术,首先要选好原料,即选择优质的糯米及良好的酒曲,并按黄酒做法严格把关;其次要控制好最适的发酵温度,保证糯米中的支链淀粉转化成糖;最后适时终止发酵,保证糖化既彻底又不过头。实践证明,最好的控制方法是在糖化液中加入经脱臭处理后的优质小曲头酒,加入量以酒基酒度 30°即可。如此,经 15～30 天的后熟,滤出澄清液,即为优质的蜂王浆补酒酒基。

中药是蜂王浆补酒功效的重要成分。在科学选用良方的基础上,严格把好药材质量关及药中有效成分的溶出是药材处理的关键技术。首先要选购新鲜、地道的中药材,并严格按配方比例准确称量。处理方法主要是将药材的净化及有效成分的萃取,净化即去除药材中无用甚至有害的成分,方法可用清水漂洗或人工去杂;萃取有效成分可用脱臭的高度小曲酒浸提,浸泡时间为 1～3 个月,浸渍后过滤即成药液。

蜂王浆是蜂王浆补酒的灵魂。蜂王浆要选用新鲜优质蜂王浆,商品蜂王浆一般已经去杂处理,若用半成品蜂王浆要去除其中的蜡片及杂质,可用 60 目滤布或 60 目筛网过滤,去杂后的蜂王浆要经完全溶解方可使用,溶解的简易方法可用适量的高纯度食用酒精搅拌或振荡即可。

以上 3 个制作部分所得的产品,经充分混合后,静置 10 天左右即可分层,然后吸滤出澄清液,经精滤后密封于酒酲中或玻璃缸中进行 3 个月的陈酿,即成醇和芳香的蜂王浆补酒。

蜂王浆补酒是根据蜂王浆含有人体的各种必需氨基酸、转化糖、无机盐、维生素、有机酸、酶、激素等多种活性物质而制作,不仅营养丰富,而且有极强的抗炎作用,对关节炎有一定疗效。成品酒黄褐清澈、气味芳香、滋味醇和。

(二十)蜂王浆果酒

1. 原料配方 蜂蜜 20 千克,果汁 24 千克,糖浆(86°)18千克,蜂王浆 500 克,脱臭酒精(65°)10 千克,过滤水 50 升。

2. 工艺流程

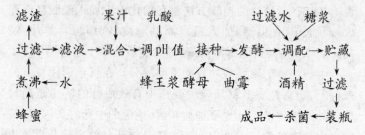

滤渣   果汁 乳酸   过滤水 糖浆

过滤→滤液→混合→调pH值 接种→发酵→调配→贮藏

煮沸←水   蜂王浆 酵母 曲霉 酒精 过滤

蜂蜜   成品←杀菌←装瓶

3. 制作方法 ①蜂蜜加水煮沸过滤,滤液与果汁混合,用乳酸调 pH 值为 4,加蜂王浆。②加接种酵母和曲霉各 1 升,混合发酵 15～20 天,使酒度达 11°以上。③加入糖浆、酒精、过滤水,使糖度为 16°～18°,酒度为 12°,贮藏 3 个月后过滤装瓶,杀菌,即为成品。

第四章　蜂蜜蜂王浆质量检验

一、蜂蜜质量标准

(一)蜂蜜的感官指标、波美度和理化指标

1. 蜂蜜的感官指标　见表 4-1。

表 4-1　蜂蜜的感官指标

等　级	蜜源花种	色　泽	状　态	味　道	杂　质
一　等	荔枝、柑橘、椴树、刺槐、紫云英、白荆条	水白色、白色、浅琥珀色	透明、粘稠的液体或结晶体	滋味甜润,具有蜜源植物特有的花香味	
二　等	油菜、枣花、葵花、棉花等	浅琥珀色、黄色、琥珀色	透明、粘稠的液体或结晶体	滋味甜,具有蜜源植物特有的花香味	无死蜂、幼虫、蜡屑及其他杂质
三　等	乌桕等	黄色、琥珀色、深琥珀色	透明、粘稠的液体或结晶体	味道甜,无异味	
四　等	荞麦、桉树等	深琥珀色、深棕色	透明、粘稠的液体或结晶体	味道甜,有刺激味	

注:①凡未列入表内的蜂蜜品种可参照表内所列色、香、味等特点由各省、
　　市、自治区决定
　　②凡在同等蜜中混有低等蜜时,按低等蜜算
　　③凡用旧式取蜜法(如压榨法、锅熬法等)取蜜,蜜浑浊不透明、色泽较
　　深、有刺激味的蜂蜜可作为等外蜜

2. 蜂蜜的波美度指标　见表4-2。

表4-2　蜂蜜波美度

级　别	一　级	二　级	三　级	四　级
波美度(20℃)	42度以上	41度以上	40度以上	39度以上

3. 蜂蜜的理化指标　见表4-3。

表4-3　蜂蜜的理化指标

指标名称	指标要求	指标名称	指标要求
水　分	25%以下	酸　度	4以下
还原糖	65%以下	费氏反应	阴性
蔗　糖	5%以下	发酵状况	不允许
酶　值	8以上	掺入可溶性物质	不允许

注：①酶值即淀粉酶值，指1克蜂蜜所含淀粉酶值在40℃下，于1小时内转化1%淀粉溶液的毫升数

②酸度，指中和100克样品蜜加入0.1摩尔/升氢氧化钠溶液的毫升数

4. 蜂蜜浓度、比重、含糖量、含水量和折光指数对照表见表4-4。

表4-4　蜂蜜浓度、比重、含糖量、含水量和折光指数对照表

波美度 (20℃)	比　重	含糖量 (20℃,%)	含水量 (%)	折光指数	
				20℃	40℃
38	1.3561	71.1	27.0	1.4680	1.4640
38.5	1.3625	72.2	26.0	1.4706	1.4664
39	1.3689	73.2	25.0	1.4733	1.4691
39.5	1.3755	74.2	24.2	1.4758	1.4712
40	1.3821	75.4	23.1	1.4785	1.4740
40.5	1.3887	76.2	22.3	1.4806	1.4761

波美度 (20℃)	比 重	含糖量 (20℃,%)	含水量 (%)	折光指数	
				20℃	40℃
41	1.3955	77.2	21.2	1.4833	1.4788
41.5	1.4022	78.1	20.2	1.4857	1.4814
42	1.4091	79.1	19.2	1.4883	1.4841
42.5	1.4160	80.3	18.1	1.4912	1.4868
43	1.4230	81.3	17.0	1.4941	1.4889

注:本表允许误差含水量±0.1%,含糖量±0.17%;浓度测定发生争议时,
以波美计测定法为准

(二)蜂蜜卫生指标

世界各国一般都参照本国的食品卫生标准中的有关规定执行。国际蜂蜜标准草案中对蜂蜜卫生要求的建议,是按联合国粮农组织和世界卫生组织成立的药物营养委员会制定的《推荐的国际实施规范——食品卫生总原则》中的有关条款执行的。卫生要求主要包括感官形态、重金属含量和微生物指标。

我国对蜂蜜的卫生指标为:无异味、无死蜂、无幼虫、无蜡屑和其他杂物。重金属和微生物指标见表4-5。

表 4-5 蜂蜜卫生指标

项 目		指 标
铅(以 Pb 计),毫升/千克	<	1
锌(以 Zn 计),毫克/千克	<	25
细菌总数	<	瓶装(500),散装(1000)
大肠菌群	<	30
致病菌(系指肠道致病菌)		不得检出

目前,蜂产品的安全性问题在国际上日益受到重视,国际上规定蜂蜜、蜂王浆中农药和兽药最大残留限量的组织主要是欧洲经济共同体。德国、美国、瑞士、意大利、荷兰等国对蜂蜜中蝇毒磷、氟胺氰菊酯、氟氯苯氰菊酯、溴螨酯等制定了最大残留限量。我国在蜂产品的质量标准中,应尽快完善安全标准。如蜂蜜、蜂王浆中农药、兽药最大残留限量标准等,否则,将会影响对蜂蜜中农药、兽药残留监控的力度,在国际贸易争端谈判中常处于被动地位,必然影响我国蜂产品生产与加工业的发展。

(三)出口蜂蜜质量标准

根据国际市场的要求和我国蜂蜜生产加工情况,出口蜂蜜的暂行标准如下:

1. 纯洁　系纯正花蜜酿造而成,无掺杂、掺假,经过滤不含杂质。

2. 色泽　水白色、特白色、白色、特浅琥珀色、琥珀色、深琥珀色。

3. 气味　正常,无异味。

4. 水分　不超过18%。

5. 淀粉酶值　在8.3以上。

6. 酸度　不得小于4。

7. 费氏反应　阴性。

8. 羟甲基糠醛　不超过40毫克/升。

9. 果糖　占总还原糖50%以上。

10. 蔗糖　不超过5%。

此外,游离重金属、抗生素、农药残留量均不得超过规定标准,抗生素不超过 0.05 毫克/升,铅不超过 0.05～0.1 毫克/升,锌不超过 2～3 毫克/升,铁砂不超过 2～3 毫克/升。

二、蜂蜜相关指标的测定方法

(一)蜂蜜中还原糖含量测定

1. 原理 采用 Lane-Eynon 法,用亚甲基蓝做指示剂,在沸腾的情况下,用费林氏溶液滴定蜂蜜中的还原糖,费林氏溶液被还原,以颜色的变化指示滴定终点。

2. 试 剂

(1)**费林氏溶液** 由 A,B 两部分组成,分别配制,使用前混匀。

①**溶液 A** 硫酸铜 69.28 克溶于蒸馏水中,定容至 1 升。使用前 1 天配制。

②**溶液 B** 酒石酸钾钠 346 克和氢氧化钾 100 克溶于蒸馏水中,定容至 1 升。使用前 2 天配制,用石棉过滤。

(2)**标准转化糖溶液(10 克/升)** 取 9.5 克纯蔗糖加 5 毫升浓盐酸(36.5%),用蒸馏水稀释成 100 毫升;将该溶液在室温下保存数天(12℃～15℃时约 7 天,20℃～25℃时约 3 天),然后用蒸馏水稀释成 1 升。此含 10%转化糖的酸溶液可稳定地保存几个月。使用前取 25 毫升,用 1 摩尔/升氢氧化钠溶液(40 克/升)中和,然后稀释成 100 毫升。

(3)**1%亚甲基蓝溶液** 取 1 克亚甲基蓝,溶于蒸馏水中,稀释成 100 毫升。

(4)**矾士霜** 先制成明矾的冷水饱和溶液。向溶液中加氢氧化铵,不断搅拌,直至溶液对石蕊试纸呈碱性反应为止,静置沉淀完全后,倾去上清液。滴加氢氧化钡溶液,呈弱酸反应时,反复用水洗涤,随后加入适量蒸馏水浸泡沉淀,密封保存。

3. 操　作

(1)试样的调制　取均匀的蜂蜜样品 6 克,溶于蒸馏水,定容至 500 毫升。然后取该蜂蜜水溶液 50 毫升,用蒸馏水稀释,定容 200 毫升(此稀释液中还原糖含量为 0.2～0.25 克/100 毫升)。另一种方法是取 15 克蜂蜜,加入 5 毫升矾士霜,用蒸馏水定容至 500 毫升。

(2)费林氏溶液的标定　取费林氏溶液 A 和 B 各 5 毫升混匀,根据下列的滴定方法,用稀释的标准转化糖溶液进行滴定和标定。

当标准转化糖溶液的滴定量为 20.36 毫升,可以完全还原费林氏溶液中的铜时,表示具有规定的铜含量。滴定量为 $20.36±X$ 毫升时,应该按规定的铜量校正溶液 A 的浓度。X 量很小时,以标准转化糖溶液的滴定毫升/20.36 毫升计算费林氏溶液的效价。

(3)准备滴定　分别取费林氏溶液 A 和 B 各 5 毫升,注入 200 毫升的三角烧杯中,混匀,用滴定管滴加稀释的蜂蜜溶液 15 毫升,放在金属网上加热,再加数滴 1% 亚甲基蓝溶液,煮沸,保持 2 分钟(如果这时最初的蓝色消失,说明还原糖过多,应适当稀释蜂蜜溶液)。如果蓝色继续保持,再煮沸 1 分钟,用滴定管滴加稀释的蜂蜜溶液,蓝色消失时为滴定的终点,读出终点所消耗的液量 X 毫升。

(4)滴定　取费林氏溶液 A 和 B 各 5 毫升,加入 200 毫升的三角烧瓶内,用滴定管注入稀释蜂蜜溶液,注入量可比完全还原费林氏溶液中的铜所需要的稀释蜂蜜液少 0.5～1 毫升。放在金属网上加热。溶液开始煮沸后,调节加热速度避免急剧沸腾,煮沸 2 分钟后,立即滴加数滴 1%亚甲基蓝溶液,继续煮沸,同时再加稀释蜂蜜溶液。亚甲基蓝的颜色消失为滴定终点,读出稀释蜂蜜溶液的总用量。该滴定全部煮沸时间不要超过 3 分钟。

(5)计算及结果　根据稀释蜂蜜溶液的滴定用量,由 Lane-Eynon 糖类定量表(表 4-6)求出还原糖的毫克数。依下式直接计算还原糖的含量:

$$C(\%) = \frac{a \times f}{b \times s} \times 200$$

式中:a——根据 Lane-Eynon 糖类定量表求得的稀释蜂蜜溶液 b 毫升的转化糖系数

b——稀释蜂蜜溶液的滴定消耗总量(毫升)

c——每 100 克蜂蜜的转化糖量(克)

f——费林氏溶液的效价

s——蜂蜜样品的取样量(克)

如果采用第二种方法配制的蜂蜜稀释液时,则按下式计算:

$$C(\%) = \frac{a \times f}{b \times s} \times 500$$

(二)蜂蜜中葡萄糖含量测定

1. 试剂　①0.05 摩尔/升碘试剂:将碘化钾(优级纯)20克和碘(优级纯)12.7 克溶于蒸馏水,定容至 1 000 毫升,避光低温保存。②0.125 摩尔/升碳酸钠溶液。③稀盐酸(取 1 份盐酸加 5 倍体积的蒸馏水)。④1%淀粉指示剂。⑤0.05 摩尔/升硫代硫酸钠溶液。⑥标准葡萄糖溶液(取无水特级葡萄糖 5克,用蒸馏水溶解,定容至 500 毫升)。⑦取 13 克蜂蜜,用蒸馏水稀释,定容至 500 毫升,做成稀释蜂蜜溶液。

表 4-6　　**Lane-Eynon 糖类定量表**　（计算转化糖所需部分）

稀释蜂蜜溶液用量（毫升）	转化糖系数	稀释蜂蜜溶液用量（毫升）	转化糖系数	稀释蜂蜜溶液用量（毫升）	转化糖系数
15	50.5	27	51.4	39	52.0
16	50.6	28	51.4	40	52.0
17	50.7	29	51.5	41	52.1
18	50.8	30	51.5	42	52.1
19	50.8	31	51.6	43	52.2
20	50.9	32	51.6	44	52.2
21	51.0	33	51.7	45	52.3
22	51.0	34	51.7	46	52.3
23	51.1	35	51.8	47	52.4
24	51.2	36	51.8	48	52.4
25	51.2	37	51.9	49	52.5
26	51.3	38	51.9	50	52.5

注：①系数表示相当于 10 毫升费林氏溶液的转化糖的毫克数

②转化糖为无水物

③消耗量取小数点后 2 位，与其对应的转化糖系数根据比例分配求出

2. 操作　取 0.05 摩尔/升碘试剂 20 毫升，放进 200 毫升的磨口三角烧瓶内，加入 10 毫升稀释蜂蜜溶液，然后边搅边滴加 0.125 摩尔/升碳酸钠溶液 20 毫升，塞上瓶塞在暗处放置 30 分钟，用移液管快速加入 0.35 毫升稀盐酸，充分搅拌后，用 0.05 摩尔/升硫代硫酸钠溶液滴定，在滴定后期，加入 1% 淀粉指示剂 2～3 滴，蓝色消失为滴定终点。求出 0.05 摩尔/升硫代硫酸钠溶液的消耗量。

用 10 毫升蒸馏水或标准葡萄糖溶液代替稀释蜂蜜溶液，重复滴定操作。使用蒸馏水时，0.05 摩尔/升硫代硫酸钠的消

耗量为 B,用标准葡萄糖溶液时,消耗量为 C。

3. 计　算

$$G = (B-a) \times \frac{500}{(B-C) \times S}$$

式中:

G——100 克蜂蜜中的葡萄糖克数(即百分率)

a——对应于 10 毫升稀释蜂蜜液的 0.05 摩尔/升硫代硫酸钠溶液的量(毫升)

C——标准葡萄糖溶液 10 毫升时,消耗的 0.05 摩尔/升硫代硫酸钠溶液的量(毫升)

S——蜂蜜样品的取样量(克)

4. 注意事项

蜂蜜稀释液浓度,应使 10 毫升稀释液中葡萄糖的含量在 0.1 克左右;低于 0.08 克或高于 0.12 克时应重新调制,测定温度最好在 20℃～25℃。

(三)蜂蜜中灰分测定

取蜂蜜样品 5～10 克,放入事先已恒重的铂坩锅或瓷坩锅中,在马弗炉内进行高温加热,使试样干燥到发黑的程度。为防止发泡或溢出造成损失,要慢慢加热。另外,也可用红外灯在放入马弗炉前使试样老化,加入数滴橄榄油也可以防止起泡。用 600℃高温加热,使试样达到恒重为止,冷却,称量。带试样的称量瓶与加试样前的称量瓶重量之差即为灰分的含量,其结果用百分率表示。

(四)蜂蜜中含水量测定

含水量是测定蜂蜜质量好坏的重要指标之一。蜂蜜中含水量可采用波美比重计来测定。蜂蜜的含水量高,酶值低,易

发酵。蜂蜜浓度与比重成正比。纯正新鲜成熟的蜂蜜,比重计读数一般是 42

(五)蜂蜜中淀粉酶值测定

蜂蜜淀粉酶值是以每克蜂蜜中所含的淀粉酶,能转化多少毫升的 1% 淀粉溶液来表示的。纯正蜂蜜的淀粉酶值在 8.3 以上。

称取 10 克蜂蜜样品,溶解于 50~70 毫升蒸馏水中,用 0.05 摩尔/升氢氧化钠溶液中和,加入酚酞指示剂,将此溶液倒于 100 毫升容量瓶中,用蒸馏水定容至刻度,取大小相同的试管 12 支,做好序号标记,按表 4-7 分别加入蜂蜜试样溶液、蒸馏水、0.1 摩尔/升氯化钠、0.2 摩尔/升乙酸溶液和 1% 淀粉溶液,摇匀后,立即将所有试管同时浸入 45℃~50℃ 的温水中,在此温度下放置 1 小时,取出,立即用冷水冷却,接着在每一试管中加入 1 滴 0.1 摩尔/升碘溶液,摇匀后立即观察。此时各试管的试液颜色顺序由黄色经红色、紫红色、紫色至蓝色,根据紫红色试管号数,由表 4-7 查出淀粉酶值。

蜂蜜中淀粉酶值的高低,反映了蜂蜜成熟度的高低及贮存时间的长短。一般来说,新鲜成熟的蜂蜜,淀粉酶值高;反之,则低。

表 4-7　蜂蜜淀粉酶值表

序号	蜜样溶液（毫升）	蒸馏水（毫升）	乙酸溶液（毫升）	氯化钠溶液（毫升）	淀粉溶液（毫升）	总容积（毫升）	淀粉酶值
1	10.0	4.0	0.5	0.5	1.0	16	1.0
2	10.0	2.5	0.5	0.5	2.5	16	2.5
3	10.0	0.0	0.5	0.5	5.0	16	5.0
4	7.7	2.3	0.5	0.5	5.0	16	6.5
5	6.0	4.0	0.5	0.5	5.0	16	8.3
6	4.6	5.4	0.5	0.5	5.0	16	10.9
7	3.6	6.4	0.5	0.5	5.0	16	13.9
8	2.8	7.2	0.5	0.5	5.0	16	17.9
9	2.1	7.9	0.5	0.5	5.0	16	23.8
10	1.7	8.3	0.5	0.5	5.0	16	29.4
11	1.3	8.7	0.5	0.5	5.0	16	38.5
12	1.0	9.0	0.5	0.5	5.0	16	50.0

　　蜂蜜中淀粉酶值的测定意义：①蜂蜜中淀粉酶值的高低具有一定的营养价值。人体肠胃中的淀粉酶的作用是使日常饮食中的淀粉类食品转化为人体容易吸收的葡萄糖等营养物质。蜂蜜中含有大量的淀粉酶类物质，人们饮用蜂蜜后，可从中得到定量的淀粉酶类物质，以补充人体内的淀粉酶类物质，从而起到了助消化和吸收的作用。②蜂蜜的淀粉酶值可以说明蜂蜜的成熟度。成熟的蜂蜜，淀粉酶值高，反之较低。③蜂蜜在加工前后的淀粉酶值可以反映这种加工工艺的优劣。④蜂蜜在贮藏前后的淀粉酶值的变化可以检验贮藏方法的优劣。还可以用来检验蜂蜜的贮藏时间。⑤蜂蜜的淀粉酶值是出口蜂蜜的重要指标之一。

(六)蜂蜜酸度测定

蜂蜜的酸度是指中和 100 克蜂蜜所消耗 0.1 摩尔/升氢氧化钠溶液的毫升数。纯正的蜂蜜酸度在 4 以下。蜂蜜酸度过大,则意味着蜂蜜已发酵变质。

取蜂蜜样品 10 克(精确到 0.001),溶于 75 毫升经煮沸而冷却的蒸馏水中,加入酚酞指示剂 2 滴,用 0.1 摩尔/升氢氧化钠标准溶液滴定到淡红色,10 分钟内不褪色为止。

$$酸度 = \frac{消耗氢氧化钠溶液毫升数 \times 氢氧化钠溶液浓度}{蜂蜜样品重量}$$
$\times 100$

三、蜂王浆质量标准

蜂王浆是有益于身体健康的营养食品,这一概念已为许多消费者认同,蜂王浆已拥有其固定的消费群体,并且每年都有更多人不断加入和充实这一群体。对许多人来说,蜂王浆已成为日常不可或缺的必需品。从日益扩大的市场需求和蜂王浆相对较小的产量及复杂的生产过程致使蜂王浆价格始终处于较高水平。一些不法之徒为利益所驱使,利用各种手段炮制出各种"蜂王浆"蒙骗消费者,牟取非法利润,对消费者的身体健康造成极大危害,特别是对蜂王浆的固定消费群体,危害更加明显。正因为如此,鉴别蜂王浆真伪、分清蜂王浆质量高低,不仅对从事蜂产品收购、加工和销售人员显得十分必要,就是对一般消费者而言,了解相关的知识也是很有必要的。

为了规范蜂王浆的生产和销售,保证蜂王浆的质量,我国在 1988 年制定了蜂王浆的国家标准,标准号为 GB9697—88,

现仍在应用中。

（一）蜂王浆的分级及理化指标

蜂王浆的分级及理化指标见表 4-8。

表 4-8 蜂王浆的分级及理化指标

项　　目		优等品	一等品	合格品
感官指标	颜色	乳白色	乳白色至淡黄	淡黄,色至红色
	状态	浆状朵块形,微粘,光泽明显,无幼虫、蜡屑等杂质,无气泡	乳浆状,微粘,朵块形不少于 1/3,有光泽,无幼虫、蜡屑等杂质,无气泡	乳浆状,微粘,有光泽感,无幼虫、蜡屑等杂质,无气泡
	气味	蜂王浆香气浓,气味纯正		有蜂王浆香气,气味纯正
	滋味	有明显的酸涩带辛辣味,回味略甜,不得有发酵、发臭等异味		有酸涩带辛辣味,回味略甜,不得有发酵、发臭等异味
理化指标	水分(%)	62.5～67.5		67.6～70
	粗蛋白质(%)	11		
	酸度(1摩/升 NaOH 毫升/100 克)	30～53		
	灰分(%)≤	1.5		
	总糖(%)≤	15		
	淀粉	不得检出		
	10-羟基-α-癸烯酸	1.4%以上		

(二)蜂王浆卫生指标

蜂王浆的卫生指标见表 4-9。

表 4-9　蜂王浆卫生指标

项　　目		指　　标
菌落总数(cfu/克)	≤	1000
大肠菌群(MPN/100 克)	≤	90
真菌(cfu/克)	≤	50
酵母(cfu/克)	≤	50
致病菌(系指肠道致病菌或致病性球菌)		不得检出
砷(以 As 计,毫克/千克)	≤	0.3
铅(以 Pb 计,毫克/千克)	≤	0.5

四、蜂王浆相关指标的检验方法

(一)蜂王浆感官检验方法

蜂王浆的感官检验,主要是通过眼看、鼻闻、口尝、手搓和搅动的方法来判别蜂王浆的质量。

1. 眼看　主要是看颜色、看杂质。在明亮的光线下,打开装蜂王浆容器的盖子,新鲜的蜂王浆呈乳白色到淡黄色,有光泽。如果蜂王浆颜色出现灰暗发红,则有变质的可能。正常的蜂王浆呈浆状,微粘,无蜜蜂幼虫和蜡屑等杂质,无发酵现象。如果蜂王浆上层出现一薄层水,说明水分太多。整个容器内上下的蜂王浆性状都要一致。

2. 鼻闻　纯鲜的蜂王浆有其独特的香味,这是蜂王浆中所含有的挥发性酯类、脂肪酸和酚类等物质的综合气味,随着贮存时间的增加,这种挥发性的气味会逐渐减弱。质量低劣的蜂王浆,其气味不纯正,有的还夹杂着异味,如有酸腐臭味、牛奶味、淀粉味和其他异常气味,则说明已发生变质或有掺假的现象。

3. **口尝**　用干净的器具,挑少许蜂王浆放在口里品尝,可先放在舌尖片刻,然后缓缓咽下。蜂王浆有其固有的酸、涩、辛辣、微甜。纯净的蜂王浆在口中无颗粒感,而不纯的蜂王浆在口中则有颗粒感。如果味太淡,可能纯度不高;如果味太甜,有可能掺了蜂蜜。

4. **手搓**　取少量的蜂王浆,放在手心中,用另一只手的手指轻搓,应有细腻感和粘滑感,如果是经过冷冻的蜂王浆,还可发现有细小的结晶粒(蜂王浆在低温下会产生结晶)。

5. **搅动**　目的主要是为了检验蜂王浆含水量大小。用1根直径约5毫米、长约300毫米的玻璃棒,经75%食用酒精消毒并晾干后直接插入盛蜂王浆容器的底部,轻微搅动后向上提起,如果玻璃棒上粘附蜂王浆的浆液多,向下流动慢,表明蜂王浆液稠,含水量小;玻璃棒上粘附的浆液少,向下流动快,表明蜂王浆液稀、含水量大;如浆与水分离,则表明蜂王浆中掺水;如浆液中有小气泡,表明蜂王浆中的水分受热变为气体,浆液可能发酵;浆液稀、色淡,是因为取浆过早,含水量过大;浆过稠、色深,是由于取浆过晚,含水量过小所致。

(二)蜂王浆取样方法

新鲜的蜂王浆可立即取样,冰冻状态的蜂王浆要预先将其放置在室温下,等完全融化后,进行适当的搅拌,混合均匀后方可取样。取样时,用内径约5毫米、两头平齐的玻璃管,插人盛蜂王浆容器的底部,然后将玻璃管上端口用手指压紧,提出玻璃管,将下端口放入烧杯中,松开手指使浆液流入杯内,充分搅拌混合均匀后,备用。

(三)蜂王浆水分测定

蜂王浆的水分测定采用减压加热干燥法。

1. 主要仪器 减压干燥箱;称量瓶高 20 毫米,直径 35 毫米;干燥器(内置硅胶干燥剂);万分之一天平。

2. 操作步骤 精密称取蜂王浆试样 1~2 克,置于已恒重的称量瓶中,放入减压干燥箱中,在温度为 75℃,压力为 -0.097~-1.00 兆帕下,干燥至恒重,取出称量瓶。置于干燥器中,冷却 30 分钟后称重。

3. 计算公式

$$水分(\%) = \frac{M_1 - M_2}{M_1 - M_3} \times 100$$

式中:M_1——称量瓶和样品的重量(克)

M_2——称量瓶和样品干燥至恒重后的重量(克)

M_3——称量瓶的重量(克)

(四)蜂王浆粗蛋白质测定

蜂王浆粗蛋白质测定采用凯氏定氮法。

1. 主要仪器 凯氏烧瓶(50 毫升);半微量法蒸馏装置 1 套;滴定装置 1 套;万分之一天平。

2. 试 剂

(1)硫酸铜与硫酸钾混合剂 称取硫酸铜 1 克,硫酸钾 10 克,置于研钵中混合均匀,研细,备用。

(2)混合指示剂 量取 0.1%甲基红乙醇溶液 2 份,

0.1%溴甲酚绿乙醇溶液 3 份,临用时混合。

(3)2%硼酸吸收液　称取硼酸 2 克,量取混合指示剂 2 毫升、乙醇 20 毫升置于锥形瓶中,加蒸馏水稀释至 100 毫升。混合均匀,备用。

(4)40%氢氧化钠溶液　称取氢氧化钠 40 克,加蒸馏水溶解并稀释至 100 毫升。

(5)稀硫酸　浓硫酸 5.7 毫升,加蒸馏水稀释至 100 毫升。

(6)0.1 摩尔/升盐酸标准溶液

①配制　量取浓盐酸溶液 9 毫升,加蒸馏水稀释至 1 000 毫升。摇匀,备用。

②标定　精密称取在 270℃～300℃干燥至恒重的基准无水碳酸钠 0.15 克,置于 150 毫升锥形瓶中,加入蒸馏水 50 毫升,使其溶解,再加入甲基红、溴甲酚绿混合指示剂 10 滴,用盐酸溶液滴定至溶液由绿色转变为紫红色时,煮沸 2 分钟,冷却至室温,继续滴定至溶液由绿色变为暗紫色为终点。

③计　算

$$N=\frac{2M}{V\times 0.106}$$

式中:N——盐酸溶液的摩尔浓度

　　　V——滴定消耗盐酸溶液的量(毫升)

　　　M——无水碳酸钠的重量(克)

　　　0.106——碳酸钠的毫克摩尔数

3. 操作步骤

(1)消化　精密称取蜂王浆试样 1 克,放入干燥的 50 毫升凯氏烧瓶中,加入硫酸钾混合剂,再沿瓶壁缓缓加入浓硫酸 16 毫升,充分混合,在瓶口放一小漏斗,使烧瓶成 45°斜置,开始用弱火缓缓加热,使溶液温度保持在沸点以下,逐步加大火力,沸腾至溶液成澄清透明的绿色后,再继续加热30分钟,放冷备用。

(2)蒸馏 取2%硼酸溶液10毫升,置100毫升锥形瓶中,加入混合指示剂2滴和少量的稀硫酸,将冷凝管尖端浸入液面下,然后将凯氏烧瓶中内容物经由漏斗移入蒸馏瓶中,用少量蒸馏水淋洗凯氏烧瓶及漏斗数次,再加入40%氢氧化钠溶液25毫升,用少量蒸馏水冲洗漏斗数次,关闭漏斗与反应室的通道,加热瓶进行蒸汽蒸馏,当硼酸液开始由酒红色变为蓝绿色时,继续蒸10分钟后,将冷凝管尖端提出液面,使蒸汽继续冲洗1分钟,用少量蒸馏水淋洗尖端后,停止蒸馏。

(3)滴定 将吸收液用0.1摩尔/升盐酸标准溶液滴定至由蓝绿色变为灰紫色为终点,并做空白试验。

4. 计算公式

$$粗蛋白质(\%)=\frac{(V_1-V_2)\times N\times 0.014}{M\times D}\times 6.25\times 100$$

式中:V_1——样品消耗0.1摩尔/升盐酸标准溶液毫升数

V_2——空白试验消耗0.1摩尔/升盐酸标准溶液毫升数

N——盐酸标准溶液的摩尔浓度

0.014——1毫升盐酸标准溶液相当于氮的克数

M——样品重量(克)

D——样品的稀释倍数

6.25——氮换算为蛋白质的系数

(五)蜂王浆中10-羟基-α-癸烯酸含量测定

1. 气相色谱仪及实验条件 色谱柱(固定液:3%硅油

SE-30。载体:Chromosovb W60～80 目,酸洗,硅烷化处理)。玻璃柱(3×200 毫米)。柱温:190℃。进样口温度:250℃。氮气流量:40 毫升/分钟。氢气流量:50 毫升/分钟。空气流量:1 升/分钟。检测器:氢火焰离子化检测器。

2. 试　剂

(1)硅烷化试剂　取双-三甲基硅烷基乙酰胺和三甲基氯硅烷以 2∶1 混合,用前临时配制。

(2)标准溶液　取 10-羟基-α-癸烯酸标准品,用三氯甲烷配制成 0.2 毫克/毫升溶液,备用。

(3)内部标准溶液　取十七烷酸,用三氯甲烷配制成 0.5 毫克/毫升的溶液。

3. 操作步骤

(1)标准曲线绘制　准确吸取标准溶液各 1、2、3、4、5 毫升,分别置于小锥形瓶中,分别加入 2 毫升内部标准溶液,除去溶媒,最后分别准确加入 0.5 毫升硅烷化试剂,密塞,剧烈振摇混合,放置 10 分钟,准确吸取 4 微升注射入色谱仪中,得到色谱图,由色谱图中求得峰面积比,以峰面积比对重量比做图,绘出标准曲线。

(2)试样分析　准确称取 0.5 克蜂王浆试样,放入小烧杯中,加入 2 滴 30%氢氧化钠溶液,并加少量蒸馏水使其溶解,移入 100 毫升容量瓶中,用蒸馏水稀释至刻度,摇匀,准确吸取此溶液 10 毫升,放入 150 毫升的分液漏斗内,加入 10 毫升蒸馏水,再加数滴 1 摩尔/升盐酸使至酸性(pH 值 3 以下),用乙醚振摇提取 4 次(第一次加 40 毫升乙醚;后 3 次各加 20 毫升),合并乙醚提取液于另一分液漏斗内,用蒸馏水洗 3 次,每次用 20 毫升,静置片刻,将乙醚层移入 200 毫升梨形蒸馏烧瓶中,用旋转式蒸发器在 40℃蒸去乙醚,准确加入 2 毫升内部标准溶液,再用旋转式蒸发器在 65℃左右蒸发除去三氯甲烷,然后通入干燥氮气流除尽溶媒和水分。以下按绘制标准曲线的步骤进行硅烷化及气相色谱分离,由测得的峰面积比,从标准曲线求得相应的重量比,并换算为重量,按下式计算试样中的 10-羟基-α-癸烯酸(10-HDA)的百分含量。

4. 计算公式

$$10\text{-HDA}(\text{按干品计算},\%)=\frac{100M}{W(100\text{-}A)}$$

式中:M——由标准曲线求得的 10 毫升试样溶液中 10-HDA 的毫克数

W——试样重量(克)

A——试样中所含水分的百分率

平行测定的误差不得超过 0.1%,取几次测定的平均值报告结果。

(六)蜂王浆酸度测定

蜂王浆的酸度测定采用电位滴定法。

1. 主要仪器　电位滴定计;滴定管(10 毫升);烧杯(100 毫升);万分之一天平。

2. 操作步骤　精确称取蜂王浆试样 1.2 克,置于 100 毫升烧杯中,加入新煮沸过已冷却的蒸馏水 75 毫升,用 0.1 摩尔/升氢氧化钠标准溶液滴定至 pH 值为 8.3,并以 1 分钟内不变色为终点。

3. 计算公式

$$酸度 = \frac{V}{M} \times 10$$

式中：V——滴定试样所消耗的 0.1 摩尔/升氢氧化钠标
准溶液毫升数

M——试样重量（克）

（七）蜂王浆总糖测定

蜂王浆总糖测定采用费林氏法。

1. 主要仪器　水浴锅，温度计，万分之一天平。

2. 试　剂

（1）斐林氏 A 液与 B 液

①A 液配制　精确称取结晶硫酸铜（$CuSO_4 \cdot 5H_2O$）
34.64 克，先用少量蒸馏水溶解，然后用蒸馏水稀释至 500 毫
升，摇匀过滤后备用。

②B 液配制　精确称取酒石酸钾钠 173 克和氢氧化钠
50 克，先用少量蒸馏水溶解，然后用蒸馏水稀释至 500 毫升，
摇匀，放置 2 天后备用。

③标定　精确吸取费林氏 A 液及 B 液各 5 毫升，置于
150 毫升锥形瓶中，加蒸馏水 10 毫升，置于电炉石棉网上加
热至沸，用 0.5％无水葡萄糖溶液趁热滴定至蓝色即将褪尽，
加入次甲基蓝指示剂 2 滴。继续加热至沸，趁热继续滴定至蓝
色消失为终点。

④计算公式

$$T = M \times \frac{V_1}{V_2}$$

式中：T——10 毫升费林氏试液相当于葡萄糖重量（克）

M——无水葡萄糖的称取重量（克）

V₁——滴定消耗无水葡萄糖溶液的毫升数

V₂——无水葡萄糖定容的毫升数

（2）0.5%葡萄糖溶液　将105℃干燥至恒重的无水葡萄糖配制成0.5%溶液,备用。

（3）次甲基蓝指示剂　精确称取次甲基蓝0.1克,用水溶解并稀释至100毫升,贮于棕色试剂瓶中备用。

（4）28%氢氧化钠溶液　取氢氧化钠饱和溶液40毫升,置于100毫升容量瓶中,用蒸馏水稀释至刻度,摇匀,移置聚乙烯塑料瓶中,静置数日后取上清液,备用。

（5）蜂王浆试样溶液制备　精确称取蜂王浆试样3克,置于100毫升容量瓶中,加入蒸馏水50毫升,再加入浓盐酸5毫升,置水浴锅中在68℃～70℃下水解10分钟,迅速冷却至室温,用28%氢氧化钠溶液中和至pH值6～8,加蒸馏水稀释至刻度,摇匀,用4层纱布过滤后备用。

3. 操作步骤　精确吸取费林氏A液及B液各5毫升,置250毫升锥形瓶中,加蒸馏水10毫升,置盖有石棉网的电炉上加热至沸,用蜂王浆试样溶液趁热滴定至蓝色即将消失时,加入次甲基蓝指示剂2滴,再加热至煮沸,趁热继续滴定至蓝色消失为终点。

4. 计算公式

$$总糖(以转化糖计\%) = \frac{T}{M \times \dfrac{V}{100}}$$

式中:M——试样重量（克）

V——滴定时消耗蜂王浆试样溶液毫升数

T——10毫升费林氏试液相当于葡萄糖克数

(八)蜂王浆中淀粉定性测定

1. 1.3%碘液配制　称取碘 1.3 克，碘化钾 3.6 克，置于 200 毫升烧杯中，加蒸馏水 30 毫升，再加 1 滴盐酸溶解后加蒸馏水至 100 毫升，摇匀，置棕色瓶中密塞备用。

2. 操作步骤　蜂王浆试样 0.2 克，置于 50 毫升烧杯中，加入蒸馏水 10 毫升，加热煮沸，冷却至室温，加入 1.3% 碘液数滴，不得显蓝色（显蓝色为蜂王浆中掺有淀粉）。

第五章 蜂产品企业建厂的要求

特种资源蜂产品是大自然赋予人类的天然食品和保健品,具有很强的营养保健和防病治病的功效,蜂产品的生产和加工直接关系到人们的生命安全与健康。因此,对蜂产品企业建厂的要求要严于一般企业。在建厂筹备阶段,就应设计好本厂的总平面布置图,制定完善的原材料、半成品、成品的质量和卫生标准,准备好生产工艺规程以及其他有关资料,报当地食品卫生监督机构备查。现将蜂产品企业建厂的具体要求介绍如下。

一、厂址选择

生产场所的选址、设计和施工除了执行国家有关建设项目管理规定外,还应经省、自治区、直辖市卫生行政部门审查,并进行竣工验收。对厂址的要求主要有以下几点:①要考虑周围环境对食品生产可能造成的污染。按食品卫生要求选择地势干燥、水源充足、交通便利的区域。②厂区道路应硬化,防止尘土飞扬和积水。生产区建筑物与外缘公路或道路应有防护地带。③厂区周围环境应当绿化,周围 25 米内不得有粉尘、有害气体、放射性物质和其他扩散性污染源,不得有昆虫大量孳生的潜在场所。④厂区不应设于受污染河流的下游。

二、工厂设计

对工厂设计的要求主要有以下几点：①建筑物、设备布局与工艺流程三者要衔接合理，建筑结构完善，并能满足生产工艺和质量卫生要求。②原料与半成品和成品应杜绝交叉污染。③准备厂房与车间，在水质、环保、环境等方面应符合要求。④车间要做到纱窗、纱门，地面干净，墙面贴瓷砖1.2米以上。生产车间地面应使用不渗水、不吸水、无毒、防滑材料（如耐酸砖、水磨石、混凝土等）铺砌，应有适当坡度，在地面最低点设置地漏，以保证不积水。⑤原料仓库与成品仓库要分开，人流物流分开，并设有原料库、产品加工场所、产品包装场所、成品库、检验室等生产用房。动力、供暖、空调机房、给排水系统和废水、废渣处理系统及其他辅助建筑和设施的设置应不影响生产场所卫生，不对周围环境造成污染。⑥屋顶或天花板应选用不吸水、表面光洁、耐腐蚀、耐温、浅色材料覆涂或装修，要有适当的坡度，在结构上减少凝结水滴落，防止虫害和真菌孳生，便于洗刷、消毒。

三、需要提供的有关企业情况的材料

按食品卫生法要求，企业应提供以下材料：①生产经营场所总平面图、工程设计图（包括生产车间、辅助车间平面配置图，生产工艺流程图）。②生产经营场所内外环境资料。③水源、水质和污水、污物排放资料。④车间地面和墙壁结构资料。⑤卫生设施配备情况。⑥其他有关资料。

四、申领《卫生许可证》

填写《卫生许可证申请表》，并提供如下资料：①预防性卫生监督审查材料、生产经营场所平面图、生产工艺流程图。②产品原料配方、生产设备材料、产品包装材料。③产品标签、说明书。④产品卫生标准、试生产样品卫生检验结果。⑤食品从业人员预防性健康体检和卫生培训合格证。⑥企业卫生管理组织、制度、机构资料。⑦其他有关资料。

五、制剂车间的工艺设计

设计，作为一个工程整体，各个专业有各自的设计范围。一个成功的设计是各个专业智慧的结晶，是各专业合作的成果，所以，应是既有分工，又需密切合作，不可各自为政。工艺作为食品加工工程的主导专业，应在各专业中起协调作用。工艺设计除应充分考虑自身专业所布置设备须满足生产、操作、安装、检修需要外，还应考虑其他专业如何配合。同时，还应考虑所选用的设备、材料，所选择的流程，所确定布局是否符合GMP的要求；是否是最经济、最合理；由于工艺设计人员最了解生产条件，操作要求，生产所需的空间，也因为工艺设计人员必须对生产及设备所需能源进行估算，所以，对公用工程耗量有其发言权；又因为GMP对各岗位的洁净等级、温度、湿度、散热、散湿、发尘量最清楚，所以，工艺设计人员可以向空调净化专业提出相应要求；又因为工艺设计人员对其选用的设备、几何尺寸、安装要求最清楚，所以，责无旁贷地应对车间的建筑、结构，如层高、跨度、柱距、通风、采光提出明确的要求;最后,哪些岗位要求高照度,哪些岗位电力负荷是多少,有否防爆要求等也是工艺设计人员最清楚。基于工艺的主观因素及非专业客观要求,工艺专业作为主导专业这是无可非议的,也应明确负起这一责任。因此,工艺设计的质量好坏也直接影响到其他专业,为此,着重谈谈如何搞好工艺设计。

(一)工艺设计的内容

工艺设计的内容包括:①生产方法、技术路线的选择。②物料计算。③生产工艺流程设计。④能源计算。⑤设备设计与选择。⑥车间布置设计。⑦化工管道设计。⑧其他非工艺设计项目的技术条件。⑨组织说明书的编写和概预算的编制。

(二)方案设计的重要性与必要性

方案设计包括设备流程(含技术)和布局方案。这种方案的制订应建立在产品规模、技术档次(设备)、建筑(占地)面积、建设资金及建设设计单位对GMP的理解的基础上。原则上,当产品规模、品种规格确定后,资金是一个重要因素,这只有从实际出发,结合建设单位技术力量,职工的素质,深入调查研究,也包括对现有装备的状况,可利用程度;公用系统的能力进行平衡。如果厂房必须新建,根据厂区可利用面积确定是单层还是多层(局部)相结合,不同的工艺路线、不同档次的设备以及自动化、联动化水平高低,同样生产规模则所占用建筑面积也不同。选择一个方案需从不同的几个方面进行对比:设备的生产能力,内部可否符合GMP结构简单、紧凑、表面光洁、易清洗、便于安装与检修、低能耗的要求,占有空间体积、价格以及对生产环境的影响,能否适用于多规格,其工艺路线在国内的先进程度,及所生产产品的质量如何?这是确定流程和选择设备的关键。此外,对布局是否符合工艺流程及GMP要求,所占用的空间应适应,该留的操作检修空间应满足,但不可过分宽敞,布置中防止迂回、曲折。如前所述,所用设备不同,所占用的空间体积也有差异,工作室室内层高不可过高,以便降低动力消耗。

总之,方案设计包括生产工艺路线、所用原材料、选用设备的性能及自动化、联动化程度以及车间工序设置,所占空间体积,工作室及技术隔层高度,工艺平面布局,洁净等级的确定与划分等综合内容的考虑。因此,方案的好坏决定工程的成败,也给竣工后生产操作,产品质量,成本高低带来深远的影响,也直接影响投资效果,是工程建设中重要的第一步,也是实施GMP中不可缺少的步骤,是硬件中举足轻重的一步。

(三)工艺流程设计

流程设计与车间布置并列为决定车间命运的关键设计之一。它决定车间技术是否先进,经济上是否合理,所生产的产品质量保证措施是否可靠。所以,生产方法确定后,流程设计首先考虑其操作方式是连续还是间歇。按GMP要求,保持环境的洁净,设备应密闭,有条件者实现连续化、自动化、联动化操作。这不仅占地面积小,同时提高了劳动生产率,有利于产品质量的提高。现在的针剂(水、粉、输液)生产已基本实现之,但对固体口服制剂,目前仅实现单机机械化生产,单机自动化已较普遍,但由于产量规模较难与其他相关设备平衡,物料输送及进料方式难以连线,所以,国内尚难实现整线联动。至于原料,大多数产品仍以间歇操作为主,但单元生产的自动化、连续化的水平正在提高。如联合连续反应器、多功能结晶干燥器(连续结晶、过滤、干燥)国外已在推广应用,国内也在研制中。

对于制剂生产,实现自动化、连续化、联动化的密闭化(或100级层流保护)生产是防止交叉污染、人为污染的质量保证措施,也是 GMP 实施的重要内容。所以,在新的工程建设和技术改造中,需淘汰落后的传统工艺,而以先进的无污染(或污染少)、节能、低噪声的先进设备所取代,不能再搞低档次、低水平的简单重复。先进的生产工艺必须有精良的装备做保证,也必须有高素质的操作者来使用。因此,作为设计人员,必须了解新工艺,熟悉新装备,这才能从根本上解决污染大、能耗高的低水平重复建设问题。

(四)车间布置设计

1. 设 计 总 则 布置设计的目的是对厂房所使用设备的排列做出合理的安排,对车间今后生产的正常进行,对产品的质量及对经济指标,特别是基建费用有重大影响,它关系到整个车间的命运。不合理的布置会对整个生产管理造成困难,对安全造成隐患,给维修造成困难,导致人流、物流紊乱,造成交叉污染,增加动力消耗,增加建筑、空调净化和其他安装费用。所以,平面布置方案设计时,除与车间的有关人员详细磋商外,要反复全面考虑,多征求意见,密切与非工艺专业设计人员协商,使之更加完善。

2. 车 间 组 成 包括生产、动力、维修、管理、生活福利、空调净化、除尘等部门。

3. 需考虑的几个问题 ①与其他车间的关系。②满足生产维修要求,除工艺外,还得全面考虑非工艺专业的要求。③节约国土使用面积,提高建筑系数,适当考虑今后发展。④在设计中,GMP 的要求应贯穿于始终,防止交叉污染是保证产品质量稳定的主要措施。⑤经济指标先进,节省工程费用。⑥考虑劳动保护及环境、节能、防火、防腐等措施。

六、生产质量管理文件的编制与管理

(一)文件编制的原则

一是根据 GMP 的要求,用文件控制生产、质量管理的各项活动。

二是明确全体员工的职责,使企业各项工作有人负责,责、权明确。

三是严格对人员、物料、厂房设施、设备的管理,有效地防止生产过程的交叉污染与混淆。

四是为每个产品建立完整、明确的技术标准,为各类管理及操作人员提供一套详细的管理、操作标准,统一全体员工的行为,减少人为差错,建立井然有序的生产秩序。

五是每项工作均有完整、真实的记录,并有可追溯性。

六是文件应科学、先进,更应具有可操作性,简单、清晰、实用。

(二)文件的主要内容

1. 工艺规程 ①产品概述(品名、规格、剂型、批准文号、用途、用量、贮存条件等)。②工艺流程(含工艺监控点)。③处方(原辅料名称、规格、用量等)。④工艺条件与操作要点。⑤质量标准(原辅量、包装材料、中间产品、成品的法定标准、企业标准等)。⑥物料平衡计算方法。⑦其他(洁净级别、设备、安全环保等)。

2. 标准操作规程 ①表头(题目、编号与版本,制定人与制定日期,审核人与审核日期,批准人与批准日期,颁发部门、分发部门、生效日期)。②标题。③正文(操作程序)。

3. 岗位操作法 ①生产操作方法和要点。②重点操作的复核、复查。③中间产品质量标准与控制。④安全和劳动保护。⑤设备维修、清洗。⑥异常情况处理和报告。⑦工艺卫生和环境卫生。

4. 批生产记录 ①表头(产品名称、规格、生产批号、生产日期、理论产量、记录编号等)。②操作指令与设备。③操作记录(操作时间、内容、结果)。④操作者、复核者签名。⑤各生产阶段的产品数量及物料平衡的计算。⑥生产过程的控制及特殊问题记录。

(三)文件编制的要求

基本要求是:①编号应结合企业的组织机构、产品结构等特点,便于识别其文本类别。②标题应简单明了,清楚地说明文件性质。③用词要确切、通俗易懂、繁简适当。④编写应层次清楚。⑤记录应留有充分的空格,便于使用者填写。⑥全面考虑相关文件之间的联系,以确保有关技术参数与操作程序的一致性。⑦明确制定、审核、批准责任,并签名。

(四)管理要求

管理要求包括:①建立各类文件的管理程序,明确其编制、修订、撤销、印刷、颁发保管等要求。②新版文件颁发,旧版文件及时收回。③各版文件应存档。④强化文件的培训工作。

附录1　NY 5134—2002
无公害食品　蜂蜜

1. 范围

本标准规定了无公害蜂蜜的技术要求、试验方法、检验规则和标志、标签、包装、运输、贮存。

本标准适用于天然蜂蜜。

2. 规范性引用文件

下列文件中的条款通过本标准的引用而成为本标准的条款。凡是注日期的引用文件,其随后所有的修改单(不包括勘误的内容)或修订版均不适用于本标准,然而,鼓励根据本标准达成协议的各方研究是否可使用这些文件的最新版本。凡是不注日期的引用文件,其最新版本适用于本标准。

GB 191　包装储运图示标志

GB 4789.2　食品卫生微生物学检验　菌落总数测定

GB 4789.3　食品卫生微生物学检验　大肠菌群测定

GB 4789.4　食品卫生微生物学检验　沙门氏菌检验

GB 4789.5　食品卫生微生物学检验　志贺氏菌检验

GB 4789.10　食品卫生微生物学检验　金黄色葡萄球菌检验

GB 4789.11　食品卫生微生物学检验　溶血性链球菌检验

GB 4789.12　食品卫生微生物学检验　肉毒梭菌及肉毒毒素检验

GB 4789.15　食品卫生微生物学检验　霉菌和酵母计数

GB/T 5009.4　食品中灰分的测定

GB/T 5009.12　食品中铅的测定

GB/T 5009.14　食品中锌的测定

GB 7718　食品标签通用标准

GB/T 12396　食品中铁、镁、锰的测定

GB/T 14931.1　畜禽肉中土霉素、四环素、金霉素残留测定方法

GB 14963　蜂蜜卫生标准

GB 16740　保健(功能)通用标准

GB 17405　保健食品良好生产规范

GH/T 1001　预包装食用蜂蜜

SN 0130　出口蜂产品中六六六、滴滴涕残留量的测定方法

SN 0691　出口蜂产品中氟胺氰菊酯残留量的测定方法

SN/T 0852　进出口蜂蜜检验方法

3. 定义

下列定义适用于本标准。

3.1　天然蜂蜜 natural honey

蜜蜂采集植物的花蜜、蜜露,经过自身充分酿造而成的含糖甜物质。

4. 技术要求

4.1　感官要求

感官要求应符合表1规定。

表 1 感官要求

项　目	指　标
色泽	具有该品种所具有的色泽。依品种不同从水白色至深褐色
气味与味道	有蜜源植物或花的香气。单花种蜂蜜有该种蜜源植物或花的香气。口感甜润或甜腻。某些品种略有刺激味。无其他异味
状态	常温下呈透明、半透明粘稠流体或结晶状。无发酵征兆
杂质	不含肉眼可见杂质

4.2 理化要求

理化要求应符合表 2 规定。

表 2 理化要求

项　目	指　标
水分/(g/100g)	≤23
还原糖(以转化糖计)/(g/100g)	≥65
蔗糖/(g/100g)	≤8
灰分/(g/100g)	≤0.6
酸度(0.1mol/L 氢氧化钠)/(mL/100g)	≤4
淀粉酶活性(1%淀粉溶液)/[mL/(g·h)]	≥4

注:荔枝蜂蜜、龙眼蜂蜜、柑橘蜂蜜、鹅掌柴蜂蜜等蜜种不要求淀粉酶活性指标

4.3 微生物要求

微生物要求应符合表 3 规定。

表 3　微生物要求

项　目	指　标
菌落总数/(cfu/g)	≤1000
大肠菌群/(MPN/100g)	≤30
霉菌总数/(cfu/g)	≤200
致病菌	不得检出

4.4　有毒有害物质限量

有毒有害物质限量应符合表 4 规定。

表 4　有毒有害物质限量

项　目	指　标
铁(以 Fe 计)/(mg/kg)	≤20
锌(以 Zn 计)/(mg/kg)	≤25
铅(以 Pb 计)/(mg/kg)	≤1
羟甲基糠醛(HMF)/(mg/kg)	≤40
六六六/(mg/kg)	≤0.05
滴滴涕/(mg/kg)	≤0.05
四环素族抗生素/(mg/kg)	≤0.05
氟胺氰菊酯/(mg/kg)	≤0.05
注:铁和锌属超量有害的金属	

4.5　其他要求

应符合 GH/T 1001 标准规定。

5.　试验方法

5.1　试样制备

按 SN/T 0852—2000 中 2.1 规定检验。

5.2　感官检验

5.2.1 色泽、气味、味道

按 SN/T 0852—2000 中 2.2 和 2.3 规定检验。

5.2.2 状态

试样放在透明容器中,目测观察透明度、结晶和杂质。轻微倾斜容器,然后用洁净的玻璃棒搅动试样,观察其流动性和粘稠度。用玻璃棒挑起试样,鼻嗅和口尝试样,鉴别发酵征兆。

5.3 理化检验

5.3.1 水分

按 SN/T 0852—2000 中 3.4 规定检验。

5.3.2 还原糖

按 SN/T 0852—2000 中 3.8 规定检验。

5.3.3 蔗糖

按 SN/T 0852—2000 中 3.9 规定检验。

5.3.4 灰分

按 GB/T 5009.4 规定检验。

5.3.5 酸度

按 SN/T 0852—2000 中 3.5 规定检验。去除原规定中的%。

5.3.6 淀粉酶活性

按 SN/T 0852—2000 中 3.6 规定检验。

5.4 微生物检验

5.4.1 菌落总数

按 GB 4789.2 规定检验。

5.4.2 大肠菌群

按 GB 4789.3 规定检验。

5.4.3 霉菌总数

按 GB 4789.15 规定检验。

5.4.4 致病菌

按 GB 4789.4、GB4789.5、GB4789.10、GB4789.11 规定检验。

5.5 有毒有害物质检验

5.5.1 羟甲基糠醛

按 SN/T 0852—2000 中 3.7 规定检验。

5.5.2 六六六、滴滴涕

按 SN 0130 规定检验。

5.5.3 氟胺氰菊酯

按 SN 0691 规定检验。

5.5.4 四环素

按 GB/T 14931.1 规定检验。

5.5.5 铅、锌

分别按 GB/T 5009.12、GB/T 5009.14 规定检验。

5.5.6 铁

按 GB/T 12396 规定检验。

6 检验规则

6.1 组批规则

6.1.1 原料品质、工艺条件、生产班次、品种、规格、包装相同的产品为一批。

6.1.2 原料品质、工艺条件、生产班次、品种、规格相同，班产量小于 2t 时，可把生产时间接续的 2 个班次产品合为一批。

6.2 抽样方法

按照 GH/T 1001 标准有关规定执行。

6.3 出厂检验

产品出厂前,应由生产方最终检验部门按本标准 4.1、

4.2、4.3 进行检验。检验合格后并附合格证方可出厂。

出厂检验项目也可根据产品接受方要求进行。进入流通领域应按有关规定和标准检验。

6.4 型式检验

对产品全部技术要求的检验。有下列情况之一者,应进行型式检验:

a) 变更原料供应方时;

b) 长期停产后,恢复生产时;

c) 人员、设备、原料、工艺条件、环境等条件变化,可能影响产品质量时;

d) 出厂检验结果与上次型式检验有较大差异时;

e) 质量监督部门、其他或主管部门提出型式检验要求时。

6.5 判定规则

按 GH/T 1001—1998 中 6.4 规定执行。

7 包装、标志、标签、运输、贮存

7.1 包装

包装材料应符合国家食品包装卫生安全标准要求。

7.2 标志

图示标志应符合 GB 191 的要求。

7.3 标签

食品标签应符合 GB 7718 的要求,运输包装上的标志应与食品标签一致。

7.4 运输、贮存

7.4.1 产品贮存、运输工具应符合 GB 17405 的要求。

7.4.2 产品不得与有毒有害物品混装运输、混存混放。

7.4.3 产品运输、贮存应符合蜂蜜贮存条件。防止污染和温度急剧变化。

附录2　NY 5135—2002　无公害食品蜂王浆与蜂王浆冻干粉

1　范围

本标准规定了无公害食品蜂王浆与蜂王浆冻干粉的定义、技术要求、试验方法、检验规则、包装、标志、标签、运输、贮存要求等内容。

2　规范性引用文件

下列文件中的条款通过本标准的引用而成为本标准的条款。凡是注日期的引用文件，其随后所有的修改单（不包括勘误的内容）或修订版均不适用于本标准，然而，鼓励根据本标准达成协议的各方研究是否可使用这些文件的最新版本。凡是不注日期的引用文件，其最新版本适用于本标准。

GB 191　包装储运图示标志

GB 4789　食品卫生微生物学检验

GB/T 5009.11　食品中总砷的测定方法

GB/T 5009.12　食品中铅的测定方法

GB 7718　食品标签通用标准

GB 9697　蜂王浆（已调整为行业标准）

GB 16740　保健（功能）食品通用标准

GB 17405　保健食品良好生产规范

3　术语和定义

GB 9697 和 GB 7718 确立的以及下列术语和定义适用于本标准。

3.1 蜂王浆 royal jelly

哺育蜂舌腺和上颚腺的混合分泌物,是蜂王生命活动中的主要食物。又称蜂皇浆、王浆、蜂乳、王乳等。

3.2 蜂王浆冻干粉 lyophilized royal jelly powder

以蜂王浆为原料,经过真空冷冻干燥而成的固态产品。又称为蜂王浆粉、蜂皇浆冻干粉、蜂皇浆粉。

4 技术要求

4.1 感官指标

应符合表1要求。

表1 感官指标

项 目	蜂王浆	蜂王浆冻干粉
颜色	乳白、淡黄、黄红色,以及少量蜜源植物花粉颜色	乳白、淡黄、黄红色
状态	乳浆状、微粘有光泽感,不得有胶状物呈现	粉末状,颗粒均匀一致,不得有粘着状
气味	有本品特有香气,气味纯正;不得有发酵、发臭等异味	有本品特有香气,气味纯正;不得有焦煳和发臭等异味
滋味	有酸、涩带辛辣味,回味略甜;不得有异味	
杂物	无幼虫、蜡屑等杂物,不得有外来异物	

4.2 理化指标

应符合表2规定。

表 2   理化指标

项　　目		蜂王浆	蜂王浆冻干粉
水分/(g/100g)	≤	70	7
蛋白质(g/100g)	≥	11	33
酸度(0.1mol/mL ×mL NaOH/100g)	≤	30～53	—
灰分(g/100g)	≤	1.5	5
总糖(以葡萄糖计)(g/100g)	≤	15	50
淀粉		不得检出	
10-羟基-α-癸烯酸(g/100g)	≥	1.4	4.2

4.3   卫生安全指标

应符合表 3 规定。

表 3   卫生安全指标

项　　目		蜂王浆	蜂王浆冻干粉
菌落总数/(cuf/g)	≤	1000	10 000
大肠菌群/(MPN/100g)	≤	90	
霉菌/(cuf/g)	≤	50	
酵母/(cuf/g)	≤	50	
致病菌(系指肠道致病菌或致病性球菌)		不得检出	
砷(以 As 计)/(mg/kg)	≤	0.3	
铅(以 Pb 计)/(mg/kg)	≤	0.5	

5   试验方法

5.1   取样条件

在相对湿度≤35%、温度 0～25℃左右的洁净干燥间里，迅速抽取样品。

5.2 感官及理化指标

按 GB 9697 及本标准规定检验。

5.3 菌落总数

按 GB 4789.2 规定检验。

5.4 大肠菌群

按 GB 4789.3 规定检验。

5.5 霉菌

按 GB 4789.15 规定检验。

5.6 酵母

按 GB 4789.15 规定检验。

5.7 致病菌

按 GB 4789.4、GB 4789.5、GB 4789.10、GB 4789.11 规定检验。

5.8 砷

按 GB/T 5009.11 规定检验。

5.9 铅

按 GB/T 5009.12 规定检验。

6 检验规则

6.1 组批与抽样

6.1.1 检验批

原料品质、工艺条件、生产班次、品种、规格相同的产品为一批。

6.1.2 抽样

10 件以下,逐件抽取;

10~100 件,随机选取 10 件;

100 件以上,按照式(1)随机抽样 α 件。

$$\alpha \approx \sqrt{n} \qquad \cdots\cdots\cdots\cdots\cdots\cdots\cdots\cdots\cdots \quad (1)$$

式中：

α——为抽取的件数（当 α 值有小数时，无论小数值的大小，均向前修约进 1）；

n——为受检产品总件数。

每件（或其中的一小件）抽取 5g～50g，全部混合均匀后，再根据检测的需要抽取约 10g～100g 作为试样进行检测。

6.2　检验

分出厂检验和型式检验两类。

6.2.1　出厂检验

产品出厂前，应由生产方最终检验部门按本标准 4.1 进行检验，检验合格后并附合格证方可出厂。

出厂检验项目也可根据产品接收方要求进行。进入流通领域应按有关规定和标准检验。

6.2.2　型式检验

对产品全部技术要求的检验。有下列情况之一时，应进行型式检验：

a）变更原料供应方时；

b）长期停产后，恢复生产时；

c）人员、设备、原料、工艺条件、环境等条件变化，可能影响产品质量时；

d）出厂检验与上次型式检验有较大差异时；

e）产品质量审核、产品质量监督部门或主管部门、其他需要型式检验时。

6.3　判定原则

任何一项指标不合格，即判受检样本及其对应批次不合格。

7 包装、标志、标签、贮存、运输

7.1 包装

包装材料应符合食品卫生安全标准要求；内包装材料应具有气密性和防潮性。

7.2 标志、标签

7.2.1 图示标志应符合 GB 191 要求。

7.2.2 食品标签应符合 GB 7718 的规定；运输包装上的标志应与食品标签一致。

7.3 贮存、运输

7.3.1 产品贮存、运输及工具应符合 GB 17405 要求。

7.3.2 密封包装的蜂王浆可在常温下 24h 内销售、运输，应防止温度急剧变化；宜在 -5℃以下低温贮存运输。

7.3.3 产品不应与有毒、有害物品混存混放。

7.4 保质期

7.4.1 蜂王浆应在-18℃以下低温保存，保质期可以为 24 个月。

7.4.2 蜂王浆冻干粉常温下密封保存，保质期为 3 个月；-5℃以下低温保存，保质期可以为 24 个月。

附录 3　常用生产设备简介

附表 3-1　粉碎、混合与过筛器械

名　称	型　号	重量 (千克)	生产单位
粉碎机	SF-250	1000	上海中药机械厂
粉碎机	SF-200	500	上海中药机械厂
粉碎机	红旗-270	100	北京密云县农机厂
四缸球磨机	SQM-16×4	350	上海中药机械厂
胶体磨	WS-JTM-RF-140	190	浙江温州胶体磨厂
低噪振动	VSM-560	300	上海中药机械二厂
旋转筛	FTS-190(颗粒分级)	200	江苏瑰宝集团
槽形混合器	DCH-150	1000	江苏无锡胡埭轻化工机械厂

附表 3-2　提取、蒸发与干燥器械

名　称	型　号	重量 (千克)	生产单位
多功能提取罐	DT-3	8000	武汉制药机械厂
液压式多能提取罐	DJZY-15001	9000	北京化工设备厂
搪瓷反应罐	KL-50	500	北京化工设备厂
搪瓷反应罐	KL-50	600	北京化工设备厂
搪瓷反应罐	KL-2000	2600	北京化工设备厂
搪瓷冷凝器	W0.5 型	585	重庆制药机械厂
移动式自吸泵	25FB(M)Z-8	50	安徽省天长市江淮泵石厂

名 称	型 号	重量 (千克)	生产单位
真空泵	W3	450	山东淄博温州人民机器厂
蒸馏回流真空浓缩罐	700L	800	江苏常熟制药机械厂
多吸离心泵	75TSWA（80D12×4）	200	上海第一水泵厂
超滤器	DUF-5	45	北京真空技术公司
薄膜蒸发器	0.9m²	700	天津化工修配厂
板框压滤机	XAS0.3-172/8	62	广州医药机械厂
真空干燥箱	1.7m³	2500	浙江瑞安市化工设备厂
热风循环干燥箱	QHX-Ⅱ	1800	安徽省蚌埠烘干设备厂

附表 3-3 灭菌、空气洁净装置、蒸馏水器

名 称	型 号	重量（千克）	生产单位
压力蒸汽消毒柜	YX01A-0.1	2000	山东新华医疗器械厂
空气干燥净化装置	Gwu1.5/7-B	620	广西柳州第二空压机厂
空气灭菌（过滤）器	KL-50-1.5/7	280	广西柳州第二空压机厂
空调机	LH-48	1700	北京冷冻机械厂
塔式蒸馏器	LS-400	375	陕西宝鸡中药机械厂
塔式多效蒸馏水器	TDZ-1000-5	850	辽宁丹东医疗器械厂
热压式蒸馏水器（电热 加热）	TDZ-1000-5	3800	陕西宝鸡中药机械厂
离子交换柱	三支·ABS管道	200	北京顺义水处理设备厂
电导仪	DDS-11A	2	上海雷磁仪器厂
风淋室	LFL-3	300	北京半导体设备一厂

附表 3-4　冲剂、胶囊剂、片剂操作设备

名　称	型　号	重量（千克）	生产单位
摇摆式颗粒机	BK-160	380	湖南(祁阳)中南制药机械厂
沸腾制粒机	FL-120	1500	上海制药机械三厂
颗粒包装机	DXD-60	170	北京商业机械研究所
自动颗粒包装机	BOZ-F-75	450	天津轻化包装机械厂
自动胶囊充填机	ZJT-20	997	广东惠阳机械厂
旋转式压片机	ZP-19(2.5万～4.5万片/h)	560	上海第一制药机械厂
自动泡罩铝塑包装机	DPB-250	1000	浙江瑞安市制药机械厂
糖衣机	BY-1000	320	江苏无锡中银机械有限公司
气压式喷浆机	QPJ	100	陕西宝鸡中药机械厂

附表 3-5　各类型包装机

名　称	型　号	重量（千克）	生产单位
自动颗粒包装机	BDZ F-30	350	天津轻工包装厂
袋泡茶自动包装机	DCH160G	400	天津轻工包装厂
片剂自动包装机	BDZ F-I	350	天津轻工包装厂
膏状自动包装机	卧式、立式及卧立混合式	400	天津轻工包装厂
多功能自动封口机	RFJ	50	天津轻工包装厂
软管灌封机	YG-10	1000	广州市精美封口机厂
易拉瓶灌装机		100	上海中联设备经营部

人工育珠技术	10.00元	锦鲤养殖与鉴赏	12.00元
缢蛏养殖技术	5.50元	绿毛龟养殖	2.90元
牡蛎养殖技术	6.50元	牛蛙养殖技术(修订版)	7.00元
福寿螺实用养殖技术	4.00元	美国青蛙养殖技术	4.50元
水蛭养殖技术	6.00元	林蛙养殖技术	3.50元
中国对虾养殖新技术	4.50元	棘胸蛙养殖技术	7.50元
淡水虾繁育与养殖技术	6.00元	科学养蛙技术问答	4.50元
淡水虾实用养殖技术	5.50元	蟾蜍养殖与利用	3.50元
海淡水池塘综合养殖技术	5.50元	食用蜗牛养殖技术(第二版)	4.50元
南美白对虾养殖技术	6.00元	食用蜗牛养殖及加工技术	7.00元
小龙虾养殖技术	8.00元	白玉蜗牛养殖与加工	3.50元
金鱼锦鲤热带鱼(第二版)	11.00元	蚯蚓养殖技术	6.00元
金鱼(修订版)	10.00元	经济蛇类的养殖与利用	7.50元
金鱼养殖技术问答	5.00元	养蛇技术	5.00元
中国金鱼(修订版)	20.00元	人工养蝎技术	6.00元
中国金鱼的养殖与选育	11.00元	蜈蚣养殖技术	5.00元
热带鱼	3.50元	药用地鳖虫养殖(修订版)	6.00元
热带鱼养殖与观赏	8.50元	黄粉虫养殖与利用(修订版)	6.50元
热带观赏鱼养殖与鉴赏	46.00元	药用昆虫养殖	6.00元
观赏鱼养殖500问	24.00元	药用动物养殖与加工	12.00元
龙鱼养殖与鉴赏	9.00元	药用动物原色图谱及养殖技术	53.00元
观赏水草与水草造景	38.00元		
七彩神仙鱼养殖与鉴赏	9.50元		

以上图书由全国各地新华书店经销。凡向本社邮购图书或音像制品,可通过邮局汇款,在汇单"附言"栏填写所购书目,邮购图书均可享受9折优惠。购书30元(按打折后实款计算)以上的免收邮挂费,购书不足30元的按邮局资费标准收取3元挂号费,邮寄费由我社承担。邮购地址:北京市丰台区晚月中路29号,邮政编码:100072,联系人:金友,电话:(010)83210681、83210682、83219215、83219217(传真)。